U0335853

奇妙的数学故事

罗克荒岛历险记

李毓佩◎著

長江出版傳媒 | 长江文艺出版社

本书智慧人物

● 罗克

偏爱数学的八年级学生，身材瘦高，长有一对“招风耳”，曾获全市初中数学竞赛第一名。

● 白发老人

是神圣部族的一员，在部族中有着很高的威望。

米切尔

神圣部族的一员，可以用英语和罗克交流，在荒岛上一直陪伴着罗克。

乌西

胸前有着和老首领一样画法的花纹，是神圣部族的新首领。

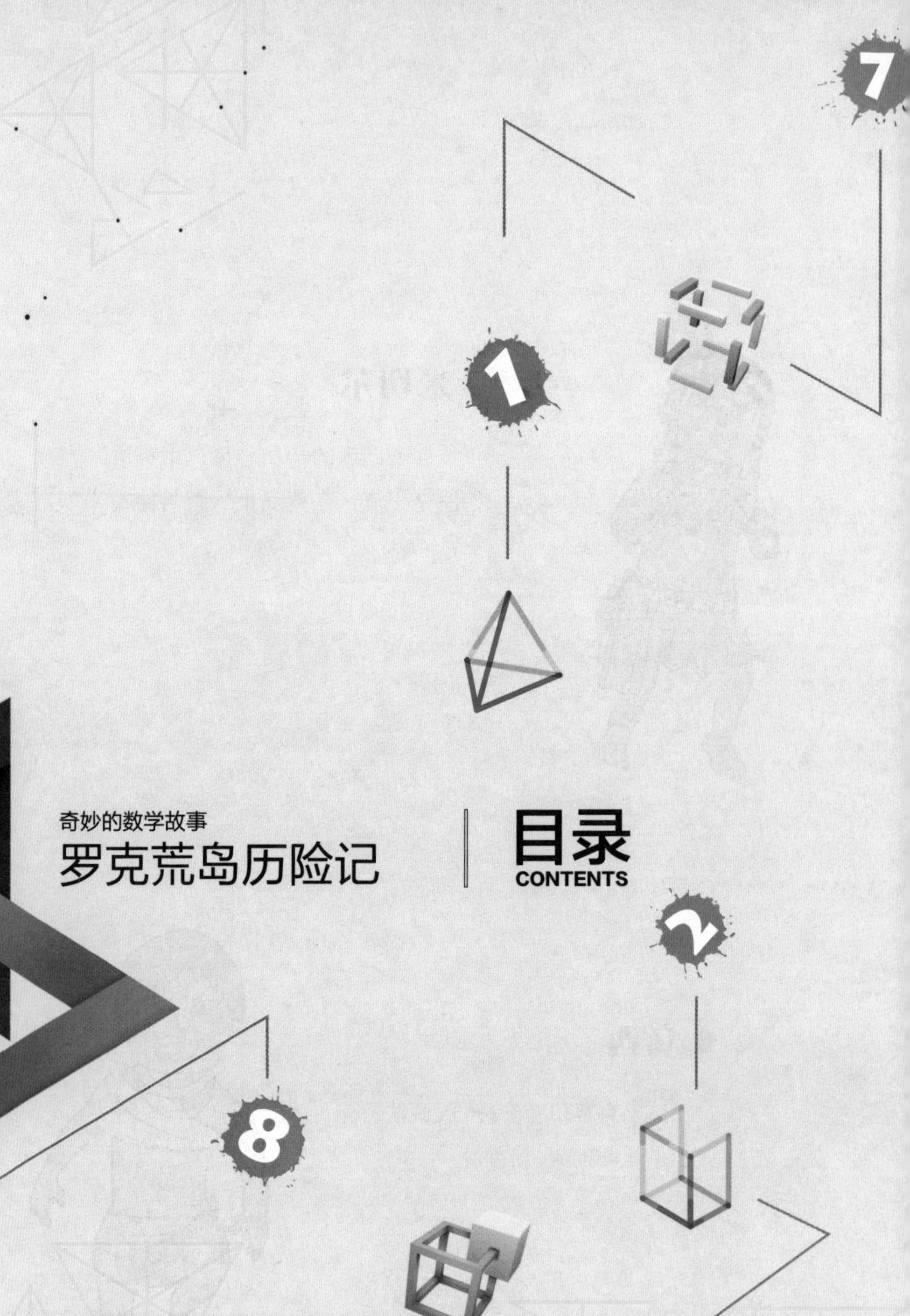

奇妙的数学故事

罗克荒岛历险记

目录

CONTENTS

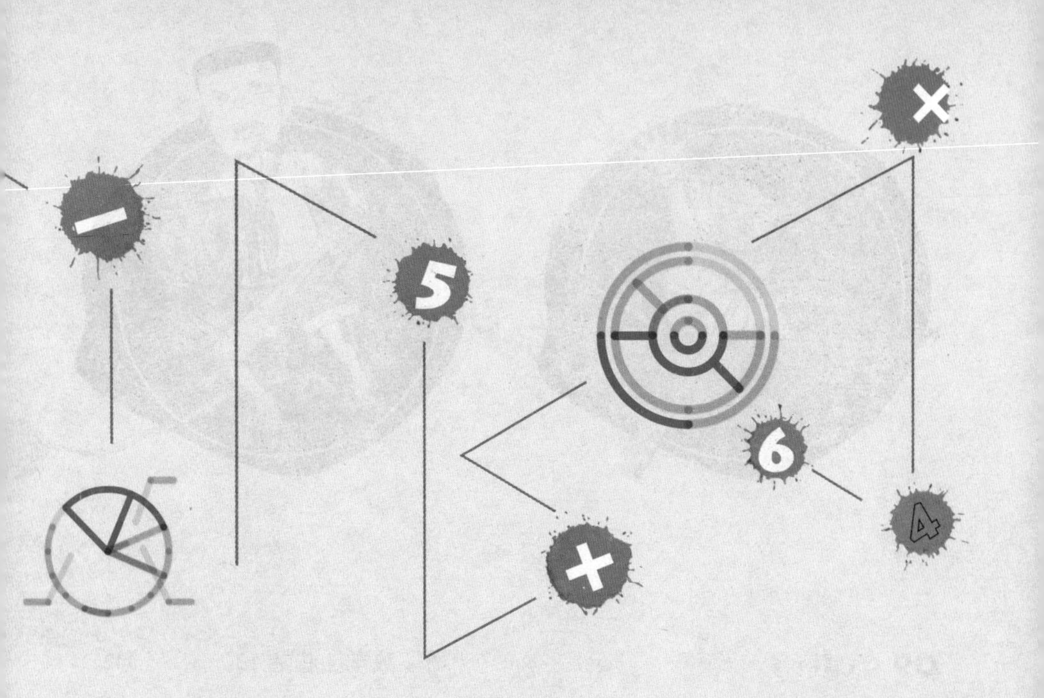

国际中学生奥林匹克数学竞赛每年举行一次，这可以说是一次世界级的小数学家的聚会和较量。

第一届国际中学生奥林匹克数学竞赛，是1959年在罗马尼亚的首都布加勒斯特举行的。当时只有苏联、匈牙利等7个国家参加，到1981年已达21个国家，参赛国家逐年增多。1986年7月，在波兰的首都华沙举行了第27届国际中学生奥林匹克数学竞赛，中国首次派代表团正式参赛，取得了很好的成绩。有3名同学获得一等奖，1名同学获得二等奖，1名同学获得三等奖，团体总分名列第四。

今年，要举行第31届国际中学生奥林匹克数学竞赛，中国又派了一个实力强大的代表团参赛，决心夺取团体冠军。参赛同学都是由高中学生组成，可是在比赛的前3天，一名参赛学生突然病倒，病情很重，不能参加比赛了。主教练黄教授非常着急，给中国数学会发了急电，指名叫八年级学生罗克急飞美国首都华盛顿参赛。

罗克何许人也？一个八年级的学生，为什么会得到黄教授的青睐？

罗克是八年级的学生是千真万确的。他十三岁，一米八的个头，细长高挑，由于长高不长宽，身体显得比较单薄。他长有一对“招风耳”，对他瘦高的身材来说，这对耳朵十分显眼，同学们给他起了一个外号叫“比杆多耳”，叫起来很像外国名字，实际意思是“比电线杆子多长两只耳朵”。拿这个外号去对照罗克其人，真是惟妙惟肖！

罗克偏爱数学，老师课上讲的代数、几何知识已满足不了他对数学的渴望。他自学数学，大量做题，真可谓“饭可一日不吃，数学题不可一日不做”。由于他刻苦攻读，外加名师指点，数学水平提高很快。他曾获全市初中数学竞赛第一名。他被特许参加全市高中奥林匹克数学比赛，又勇夺冠军。他的数学才能被黄教授看中，破例吸收他为“数学奥林匹克国家集训队”预备队员。由于参赛的正式队员有病，国家队的主教练黄教授急令罗克速速飞往华盛顿。

罗克接到命令，赶忙收拾行装。数学会的负责人和罗克的父母把他送上飞机，他向送行的人匆匆挥手，心早已飞向了赛场。

大型客机在万米高空平稳地飞行。罗克无心向舷窗外眺望，心里总想着这次国际比赛。天渐渐黑了，吃罢空姐送来的点心和饮料，罗克眯着双眼，斜躺在座椅上似睡非睡。

突然，机身剧烈地抖动，罗克和其他乘客被这突如其来的抖动惊醒。飞机在急剧地下降，机长的声音从扩音器中传出：

“各位乘客请注意：飞机突然出现了故障，已失去控制。我们

正采取迫降的手段。但是，什么事情都可能发生，请各位乘客系好安全带，听从我的指挥。”

飞机下降得越来越快，乘客们紧张极了，有的尖声哭叫，有的祈祷上帝，有的闭眼等死……罗克心里想的却只有一件事：不能及时赶到比赛地点怎么办？

“轰”的一声巨响，眼前一片火光，罗克失去了知觉。

也不知过了多久，罗克闻到一股异香，香味十分强烈，一个劲儿往脑子里钻，使他不得不睁开双眼。

罗克睁开眼睛一看，自己已经不在客机里了，而是在一间很大的茅草屋里，躺在一张藤床上。

一位满头白发的老人坐在罗克的旁边，拿着一株不知名的香草给他闻。老人见罗克睁开了双眼，高兴地拍打着双手，嘴里说着一种听不懂的语言。在这位老人的招呼下，一下子来了许多人，有年轻人、老人、妇女，也有小孩。他们的皮肤呈棕红色，不管男女一律穿着裙子。也许由于天气热，男子都赤裸着上身，身上刺着五颜六色的花纹。花纹形状奇特，有的像花，有的像鸟兽，线条十分清晰。

罗克回想刚才发生的一切，明白是飞机失事了，是这些人救了自己，白发老人又用香草把自己熏醒。罗克想坐起来向老人致谢，可是稍一活动，身上就疼痛难忍，白发老人赶紧把他按倒在床上，摆摆手，示意他不要起来。

罗克开始在这个不知名的地方，在不知名的白发老人的照料下养伤。在养伤期间，罗克和白发老人通过手势了解到，飞机在下落过程中解体了，机上人员绝大部分掉进海里，下落不明，只有他一个人落到了这个岛上。

在白发老人的精心照料下，罗克的身体恢复得很快，他可以下床到外面走动了。茅草屋外面是海滨，高大的椰子树、洁白的沙滩、蔚蓝色的大海，景色美极了。

罗克在白发老人的陪伴下，沿着沙滩慢慢地散步。可是，每当罗克想起自己不能按期赶到华盛顿，参加第 31 届国际中学生奥林匹克数学竞赛，就十分焦急。

这时，一个拿着长矛的年轻人急匆匆跑了过来，对白发老人说了些什么，白发老人点点头，拉着罗克的手急匆匆地走了。

开心科普

国际数学界有一个代表数学界最高成就的大奖——菲尔兹奖。菲尔兹奖于 1932 年在第九届国际数学家大会上设立，1936 年首次颁奖。该奖以加拿大数学家约翰·菲尔兹的名字命名，授予世界上在数学领域做出重大贡献且年龄在 40 岁以下的数学家。

趣题探秘

（难度指数★★）

一位富有的农场主想把自己的一块土地平均分给自己的 8 个子女，前提是这八块土地的形状、大小都要一样，你知道怎么分吗？

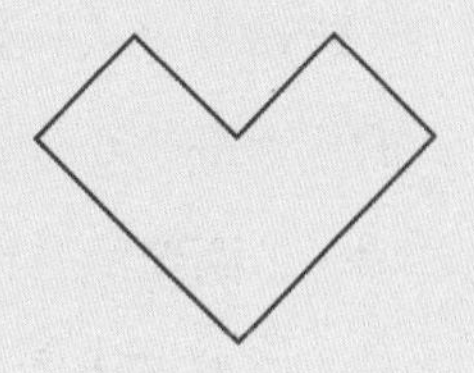

头脑风暴

（难度指数★★）

100 个包子，100 个人吃，1 个大人吃 3 个，3 个小孩吃 1 个，多少个大人和多少小孩刚好能吃完？

白发老人拉着罗克来到一间很大的茅草屋前，门口有持长矛的士兵守卫。走进茅草屋，正中一排五把椅子，上坐五名强壮的男子，两旁站着持长矛的士兵，气氛十分严肃。

白发老人向坐着的五个人行了一个礼，然后退步走出屋子。紧跟着，从外面走进来一个年轻人。年轻人先向五个人鞠了一个躬，回过身来，用英语和罗克对话。

年轻人用英语问："罗克，你的伤好些了吗？"

听到年轻人叫自己的名字，罗克一愣，亏得罗克英语很好，一般对话不成问题。

罗克用英语回答："噢，伤基本上好了。请问，你怎么知道我叫罗克？"

年轻人笑了笑说："你从飞机上掉了下来，不省人事。我们从你的上衣口袋里找到了一张电报纸，知道你是中国人，叫罗克，是飞往华盛顿参加中学生国际数学竞赛的。"

"噢，太好啦！"罗克激动地叫了起来，"你能不能帮我赶到

华盛顿？我是代表国家去参加比赛的，如果到时候赶不到比赛现场，那可怎么办哪！”说着罗克都要掉出眼泪来了。

年轻人赶忙安慰说：“罗克，你不要着急，我们会想办法让你去参加比赛的。认识一下吧，我叫米切尔，你现在处于神圣部族的保护之下，一切都不要害怕。”米切尔紧紧握住罗克的手。

神圣部族、米切尔这些陌生的名称，使罗克感到新奇。

罗克问：“什么时候让我去华盛顿？”

“来得及。”米切尔说，“我们神圣部族救了你一条命，对你有恩。你有恩不报，拍拍屁股就走，这合适吗？”

“嗯……可是我怎样报答你们呢？”罗克摊开双手，一副无可奈何的样子。

米切尔说：“你小小年纪就能参加国际数学比赛，想必绝顶聪明，请你帮助我们部族解几个难题。我想，你这位善于解答数学难题的小数学家，也同样能解决别的难题。你看，这个忙你是能够帮的吧？”

事到如今，罗克也只好硬着头皮答应下来。

“好！”米切尔高兴地拍了一下罗克的肩头说，“你先来帮助我们解决第一个难题吧！”

罗克问：“第一个难题是什么？”

“看！”米切尔一指坐在椅子上的五个人说，“我们神圣部族历来都只有一个首领，前些日子老首领得急病突然去世了，死前连话也说不出来，只是用手指了指前胸。老首领去世后，这五个人都声称自己是老首领的继承人，都说老首领活着的时候，曾跟他谈过，指定他为继承人，可是谁也没有证人。”

罗克挠了挠头说："这可怎么办？"

米切尔摇了摇头说："这事情确实不好办。大家商量的结果是，先让五个人暂时都当新首领，遇重大问题由五个人投票解决，少数服从多数。"

罗克笑了笑说："幸亏是单数，如果是六个人，难免出现三比三的局面，那就难办了！"

米切尔十分认真地说："你能否帮助我们部族判断出哪个是真正的新首领？"

"这个……"罗克可真有点犯难，心想我根据什么来判断真和假呢？

罗克一言不发，认真思考这个难题。突然，罗克说："你们神圣部族的每一个男人身上都刺有花纹吗？"

"是的，"米切尔说，"每一个男孩在过满月的时候，就由首领亲手给他前胸刺上花纹。每人的花纹都不一样，花纹中隐藏着首领对这个孩子的希望和寄托。"

罗克问："这么说，首领希望谁将来成为他的继承人，也隐藏在他所刺的花纹中喽？"

米切尔点点头说："你说的对极啦！可是，老首领去世得太突然，没有来得及说出新首领前胸花纹的特点。"

"临死前，他用手指了指前胸，意思是秘密就藏在前胸的花纹中。"罗克到此完全明白了。

罗克提出，要把这五名自称继承人胸前的花纹临摹下来。米切尔点头表示同意。罗克依次描下五个人胸前的花纹，从左到右如下图：

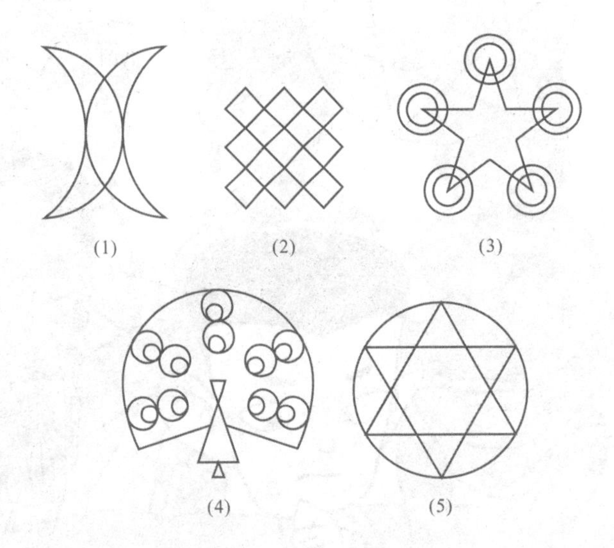

突然，坐在椅子上的五个男子都站了起来，冲着罗克大声喊叫一阵，把罗克吓了一跳。罗克问米切尔：“这些人喊什么？”

米切尔解释说：“他们叫你仔细、认真地研究这些花纹，如果弄错了，他们饶不了你！”

“知道,用不着对我大声吼叫！”罗克说完就认真研究这五个图形。

过了好一会儿，米切尔问：“怎么样？有点眉目没有？”

罗克指着这些图形说：“你看，这些图形都是一笔画出来的。也就是说，笔不离开纸，笔道又不重复地一笔把整个图形画出来。”

米切尔问：“你怎样判断出这是一笔画？”

“根据点来判断。”

“根据点来判断？”

“对，从这些图形中，你可以看出点分为两类，如果有偶数条线通过这个点，这个点叫偶点；如果有奇数条线通过这个点，这个点叫奇点。”罗克说着在纸上画了几个点，A、B、C 为偶点，D、E、F 为奇点。

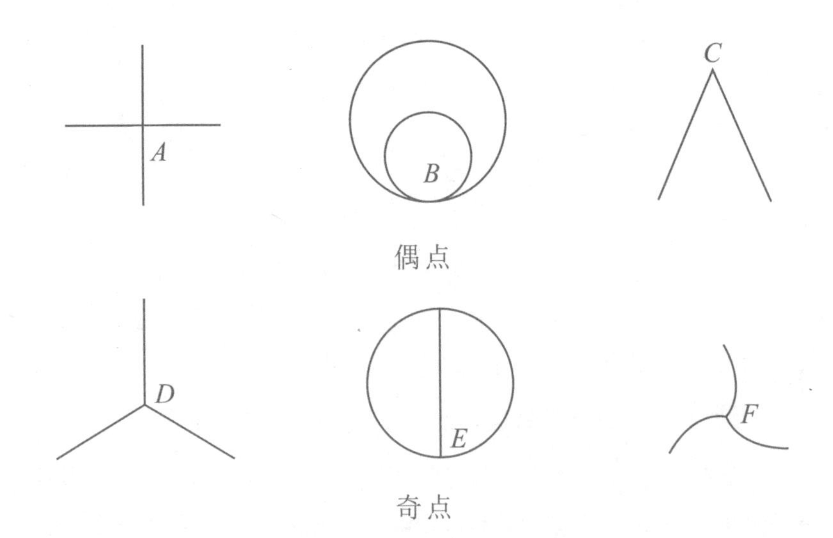

偶点

奇点

罗克接着说：“18 世纪瑞士数学家欧拉发现：如果一个封闭的图中，没有奇点（0 个）或只有 2 个奇点，那么这个图可以一笔画出来。奇点个数不是 0 或 2，这个图就不能一笔画出来。你来数一数，这五个图形中各有几个奇点。”

米切尔非常认真地在五个图形中寻找奇点。他先看了图（1），说：“一共有 8 个点，都是偶点，也就是奇点数为 0，按欧拉定理，图（1）可以一笔画出来。”

接着米切尔数出图（2）有 24 个偶点，0 个奇点；图（3）有 30 个偶点，0 个奇点；图（4）有 25 个偶点，2 个奇点；图（5）有 12 个偶点，0 个奇点。

罗克点点头说：“你数得很对。你还记得去世的老首领胸前的图形吗？”

“记得。老首领胸前的图形非常简单。”米切尔说着就画出一个三角形和它的高线。

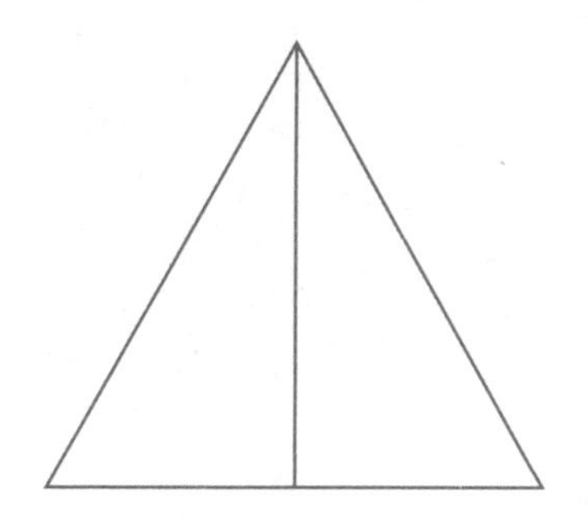

罗克猛地一拍大腿说：“这就没错了！”

可是米切尔还蒙在鼓里，他问：“怎么就没错了？”

“你看，老首领胸前的图形有 2 个奇点。这样看来，一般男人胸前的图形有 0 个奇点，只有首领继承人胸前的图形有 2 个奇点。”罗克非常肯定地说，

“刺有孔雀图形的人是新首领。”

“嘘……”米切尔示意罗克不要说出来。他小声对罗克说，“你现在千万别说，不然会有生命危险，等一会儿召开全族代表会议，你再宣布答案。”

“好的。”罗克满口答应，可是一回头，看见坐着的五个男人个个都瞪大了眼睛，正虎视眈眈地看着他，吓得他出了一身冷汗。

罗克突然想起一个问题，他问：“我说英语，代表们能听得懂吗？”

米切尔笑了笑说：“我们这个海岛是旅游胜地，其实人人都会说英语。不过，近来为了恢复本部族的语言，一般不让说英语。在全族代表会议上你尽管用英语讲好啦！”

开心科普

在巴西亚马逊丛林里，居住着皮纳哈人，这个与世隔绝的部族约有 350 人。他们的语言中没有任何词汇能表达数字的概念，甚至连最基本的计数数字也没有。他们的语言在交流时有点像是在歌唱，也像是吹口哨，而不像是说词语。

趣题探秘

（难度指数★★）

A、B 两地相距 560 千米，一辆汽车从 A 地开往 B 地，每小时行 48 千米，另一辆汽车从 B 地开往 A 地，每小时行 32 千米. 两车从两地相对开出 5 小时后，两车相距多少千米?

轻松一刻

（难度指数★★）

有那么一个数，去掉它的首位是 13，去掉末位是 40，请问这个数是几?

神圣部族召开全族代表会议，有 50 多名代表参加。由于新首领还没产生，会议由救治过罗克的白发老人主持。五个自称继承人的男子，仍旧坐在上面的五把椅子上。

白发老人先向代表讲了几句，又对坐着的五个男子讲了几句，最后冲罗克点了点头。

米切尔说："老人叫你向大家宣布谁是新首领，你只管大胆地讲，不用害怕。"

罗克轻轻地咳嗽了一声，清一清嗓子，想使自己镇定一下。罗克向前走了一步对代表们说："各位代表，据我的研究，这五位继承人胸前的花纹是不一样的。其中四位继承人的花纹，可以从一点出发，一笔把整个花纹都勾画出来，而又回到原来的出发点。但是，只有一位继承人的花纹特殊，这个特殊花纹也可以一笔勾画，可是它不能回到原出发点，只能从一点出发到另一点结束。"

一位代表站起来问："从一个点勾画和从两个点勾画，与谁是真的继承人有什么关系呢？请这位小数学家不要把问题扯得太远

啦！”“我并没有把问题扯远。”罗克镇定地说，“不知各位代表注意到了没有，你们各位的胸前都刺有花纹，但是，你们刺的都是普通花纹，只有首领和首领的继承人的花纹特殊，是从一个点开始，到另一个点结束。”

第一个继承人，也就是胸前刺有两个半月形的继承人，坐不住了。他站了起来，指着罗克大声说：“什么一个点两个点的。你把我们五个人的花纹都画一遍，看看到底谁的花纹特殊！”

“对，你给我们画画看，画不出来我们可饶不了你。”其余四个继承人也随声附和。

看来，不画是不成了。罗克要来一张纸，一支笔，按顺序画了起来。

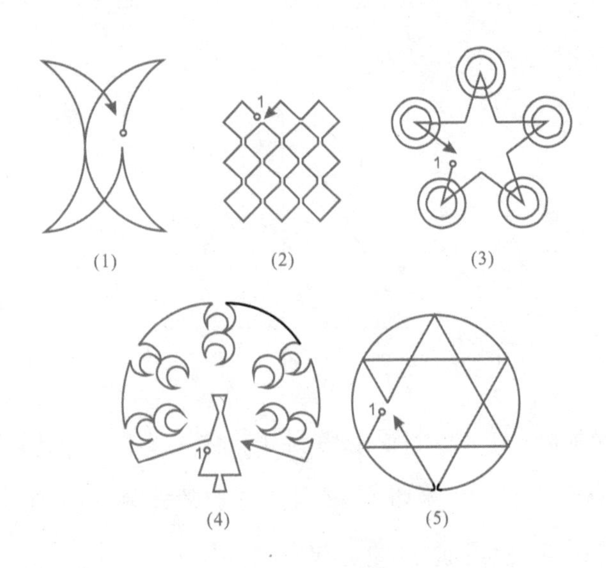

尽管罗克的图形画得不太好看，他把这些花纹是如何一笔画出来的，却一清二楚地表示出来了。

等罗克把五个图形都画完，白发老人点了点头说：“不用这位小数学家宣布了，我已经知道谁是真正的继承人了。”说完白发老人缓步走到刺有孔雀开屏图案的第四个继承人面前，用力拍打他的肩膀说：“乌西，你是我们部族的新首领。让我们向新首领致敬！”说完，白发老人跪倒在地，双手并拢，手心向上，把脸贴在手心上，向新首领致敬。接着 50 多名代表以同样的礼节向新首领致敬。

余下的四个自称继承人的年轻人，前三个人离开了座位跪倒在地，向新首领致敬，唯独第五个人坐着不动。

白发老人怒视着第五个人，厉声问道：“黑胖子，你为什么不向新首领致敬？”

这个人长得又矮、又黑、又胖，他撇着大嘴说：“乌西胸前花纹的画法是有点特殊，画法特殊怎么就证明他是真的首领继承人呢？”

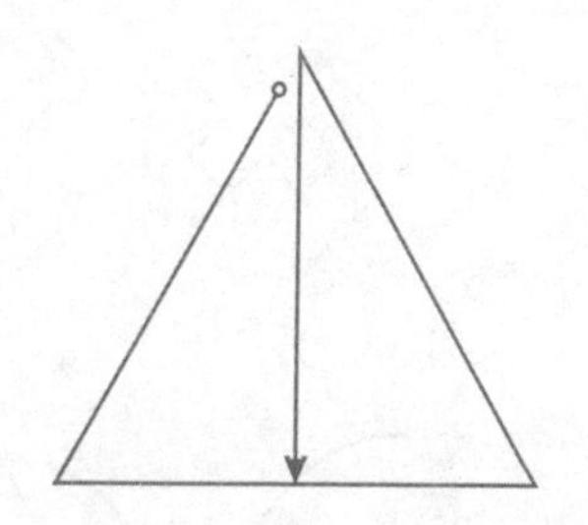

米切尔抢先一步回答说：“黑胖子，你大概不会忘记老首领胸前的花纹吧。”说着，米切尔在纸上画了已故首领胸前的花纹。

黑胖子点了点头说：“是这样。”

米切尔指着图说：“只有乌西的花纹和老首领花纹的画法一样，起点和终点不是一个点。”

黑胖子摇了摇头说："什么一个点、两个点的，关键在于怎么画。老首领的花纹，我照样可以从一个点开始，而到同一个点终止。"

米切尔回头问罗克这有可能吗？罗克笑了笑说："你让他画一个试试。"

黑胖子拿起笔满有信心地在纸上画了起来。他先从三角形的左下角开始画，画了一半就停止了【图（1）】；他接着沿另一条路线画，结果画了一个三角形，可是高线画不出来【图（2）】；他从底边中点开始画，虽然把整个图形一笔画了出来，但是起点和终点却是两个点【图（3）】。

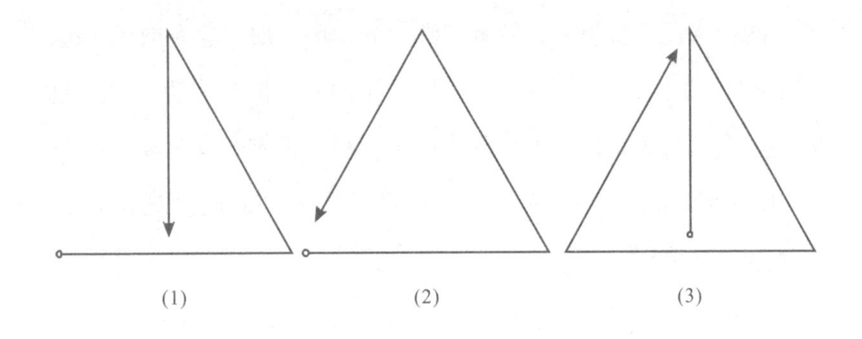

(1)　　(2)　　(3)

黑胖子画了半天，摇摇头说："果然画不出来，我服啦！"说完向乌西跪倒，向新首领致敬。

白发老人看到问题已经解决，非常高兴。他准备召开全部族会议宣布新首领继位，组织全部族人民向新首领致敬。突然，从外面闯进两个人来，一个长得又高又大，皮肤黑中透亮，赤裸着上身，身上净是疙疙瘩瘩的肌肉块，往那儿一站犹如一座黑铁塔；另一个长得又矮又瘦，皮肤呈棕色，鼻子上还架着一副眼镜，他赤裸的上身和鼻子上的眼镜显得十分不协调。

黑铁塔右手向前一举说："慢！听说你们要宣布乌西为部族的新首领，又听说决定乌西为首领继承人的是什么数学家罗克，我来看看这位数学家长得什么模样。"

当米切尔把罗克介绍给黑铁塔时，黑铁塔仰天哈哈大笑。他说："我总以为数学家是个满头白发的老教授，谁想到是个乳臭未干的毛孩子，你们在听他胡说八道哪！"

戴眼镜的小个子也摇晃着脑袋说："首领是全部族的主心骨。首领要文武全才，文能治国，武能安邦，不知乌西老弟有没有这份能耐？"

两个人还想说下去，忽听"啪"的一声，白发老人拍案而起，用手指着两个人厉声说道："你们两个给我住嘴！罗克是从天而降的客人，按照我们神圣部族的传统，对待客人应该真诚、热情；乌西是我们确认的新首领，对首领应该尊重、信任。你们两个怎么能胡言乱语！"

"这……"两个人看到白发老人动了真气，都低下头不再说话。但是，从他们的面部表情来看，两人都十分不服气。

"嗯——"白发老人长出了一口气说，"当然啦，你们对确认谁是真正的首领继承人的做法，有什么疑问，可以提出来。不过，一定要好言好语，不许恶语中伤！"

戴眼镜的小个子细声细气地对罗克说："尊敬的数学家罗克先生，我十分佩服你在很短时间内，就解决了谁是真首领的问题。我们神圣部族的许多人对你的判断还很怀疑。不过，我有一个消除怀疑的好办法。"

白发老人在一旁说："有什么好办法，你只管说，用不着转弯抹角的。"

"好的，好的。"戴眼镜的小个子从口袋里掏出一张纸，递给罗克说，"听说你是中国人，我非常敬仰你们古老的国家。贵国清代的乾隆皇帝你一定听说过，他曾给大臣纪晓岚出过一个词谜，现在就写在这张纸上。如果你能在 10 分钟内把这个词谜的谜底答出来，我们就不再怀疑你的才华了。"

罗克看到纸上有用中文写的词：

> 下珠帘焚香去卜卦，
> 问苍天，侬的人儿落在谁家？
> 恨王郎全无一点真心话。
> 欲罢不能罢，
> 吾把口来压！
> 论文字交情不差，
> 染成皂难讲一句清白话。
> 分明一对好鸳鸯却被刀割下，
> 抛得奴力尽手又乏。
> 细思量口与心俱是假。

罗克心想：这个戴眼镜的小个子可够厉害的。他拿中国的古代词谜来考我，不但考我的智力，还考我古文学习得如何，真可谓"一箭双雕"啊！罗克过去还真没见过这个词谜，要抓紧这 10 分钟的时间，一定要把它猜出来！

罗克在紧张地琢磨着，戴眼镜的小个子在看着表，他嘴里还不停地数着：

“还有4分钟，还有3分钟……”当他数到还有1分钟时，罗克说：“我猜出来啦！是中国汉字数码一二三四五六七八九十。”

听了罗克的答案，戴眼镜的小个子微微一愣，接着似笑非笑地说：“说说道理。”罗克说：“这是用减字的方法来显示谜底的，因此，每一句话中的字不是都有用的。比如第一句话‘下珠帘焚香去卜卦’中，与谜有关的只有‘下’‘去卜’三个字。‘下’字去掉‘卜’字不就剩下‘一’字了吗？”

“对，对。”白发老人点头说，“说得有理啊！”

罗克接着说：“第二句中‘侬的人儿落在谁家’，是说‘人’不见了，‘问苍天’中的‘天’字没了‘人’字，就是‘二’；

“由于古代中国的‘一’，也可以竖写成‘1’，所以第三句中‘王’无‘一’是‘三’；

“罢字的古代写法是罷，‘罷’字去掉‘能’字就是‘四’；

“‘吾’去了‘口’是‘五’；

“‘交’不要差，差与叉谐音，意思是指‘×’，‘交’字去掉下面的‘×’就是‘六’；

“‘皂’字去掉上面的‘白’字是‘七’；

“‘分’字去掉了‘刀’是‘八’；

“‘抛’字去掉了‘力’和‘手’是‘九’；

“‘思’去了‘口’和‘心’是‘十’。

“你看我解释得有没有道理？”

听完罗克的解释，在场的50多名代表一齐鼓掌，一方面称赞罗克的聪明机智，另一方面也佩服中国汉字的神奇。

戴眼镜的小个子摇晃着脑袋说：“这个小数学家果然聪明过人，佩服、佩服！”

白发老人见戴眼镜的小个子不说什么了，又问黑铁塔：“你还有什么要说的吗？”

黑铁塔摇了摇头，并指了指戴眼镜的小个子，说：“他说没有就没有，我一切听他的。”

白发老人见大家没有异议，就正式宣布乌西为新的首领，全部族欢庆三天。

罗克见真假继承人已经解决，就对米切尔提出，要赶赴华盛顿参加数学比赛。米切尔笑了笑说：“不忙，你刚刚帮助我们解决了第一个问题。我们还有更重要的问题等着你解决呢！”

“啊！还有问题哪！”罗克听了不免心头一紧。

数学趣话

华罗庚（1910.11.12—1985.6.12），出生于江苏常州金坛区，祖籍江苏丹阳。数学家，中国科学院院士，美国国家科学院外籍院士，第三世界科学院院士，联邦德国巴伐利亚科学院院士。华罗庚是中国解析数论、矩阵几何学、典型群、自守函数论与多元复变函数论等多方面研究的创始人和开拓者，并被列为芝加哥科学技术博物馆中当今世界88位数学伟人之一。国际上以华氏命名的数学科研成果有“华氏定理”“华氏不等式”“华—王方法”等。

趣题探秘

（难度指数★）

你能把17枚散落的棋子分成4行放在地上，而且每行有5个棋子吗?

轻松一刻

为什么足球赛还没开始，大家却都知道比分了?

罗克问米切尔说："还有什么重要问题？"

米切尔小声对罗克说："事情是这样的……

"一百多年前，E国殖民主义者的军舰驶进了我们这个岛国。军舰上的大炮猛烈轰击岛上的居民、设施，我们神圣部族的人民死伤无数。当时我们部族的首领一面指挥大家抵抗，一面把神圣部族的珍宝埋藏起来。

"土制的弓箭难以阻挡枪炮的进攻，E国军队登陆并很快占领了整个岛国，我们的老首领带领一群战士和侵略者进行了殊死战斗，终因寡不敌众，全部壮烈牺牲。侵略者的军队在岛上大肆屠杀，我们神圣部族有五分之四的居民被杀害。

"由于E国军队不服本岛的水土，得病死亡的很多，没待多久就撤了出去。经过这一百多年的繁衍生息，我们神圣部族又兴旺起来了。但是我们的老首领把部族的珍宝藏到了哪儿，始终是个谜！我们想请你帮助解开这个谜，找到这份珍宝。"

找到一百年前埋藏的珍宝，这真是个又困难又新鲜的工作。

罗克问：“老首领留下什么记号和暗示没有？”

“有。”米切尔说，“老首领在一个岩洞的内壁上，画了几个图形和一些特殊记号。”

罗克又问：“经过了一百多年，也没有人能认出这些图形和记号是什么意思？”

米切尔说：“我们的老首领是个非常了不起的人。他年轻时曾独自一人驾着小船到外国旅游和学习，一去就是十年。他特别喜欢数学和天文，回岛后向神圣部族的青年人普及数学和天文知识，很受青年人的欢迎。”

珍宝、图形、记号、数学爱好者……这一切对罗克都有很强的吸引力。罗克要求米切尔立刻带他去那个岩洞，看看老首领留下的图形和记号。米切尔点了点头，领着罗克悄悄离开了屋子，直奔后山走去。

山不是很高，山上长满了许多叫不出名来的热带植物，在阳光照耀下显得格外青翠。罗克跟在米切尔的后面，向山里走去。转了几个圈儿，在草丛中发现了一个很小的洞口，如果不仔细去找，很难发现这个洞口。

罗克跟着米切尔钻进洞口，里面却很大，像一个大厅，可容纳一百多人。米切尔用手电筒照着洞壁上的图形，看不太清楚，又点亮了一个火把。

第一组图形是九个大小不同的正方形，每个正方形上都写着一个数字，它们分别是 1、4、7、8、9、10、14、15、18。

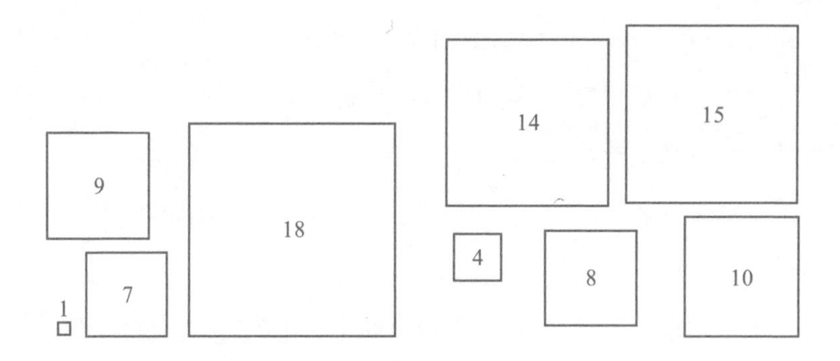

九个正方形下面写着一行字：

用这九个正方形拼成一个长方形。走出洞口向前走等于长方形的长边那么多步。向右转，再走短边那么多步，停住。

罗克看着正方形上的数字自言自语："正方形上的数字肯定代表它的边长。"说完罗克动手测量上面写着 9 的正方形，它的边长果然是 9 分米。

米切尔说："我们也猜想这些数字代表边长，可是我们怎么也拼不出长方形来。"

罗克说："我曾在一本书上看到过一个结论：数学家证明了用边长各不相同的正方形，拼出一个长方形，最少需要九个。少于九个是拼不成长方形的。我来拼拼试试。"说完，罗克用纸剪出几个小正方形，在地上拼起来。不过，他不是胡乱地拼，而是一边拼一边算，没过多久，罗克在地上拼出一个大的长方形。

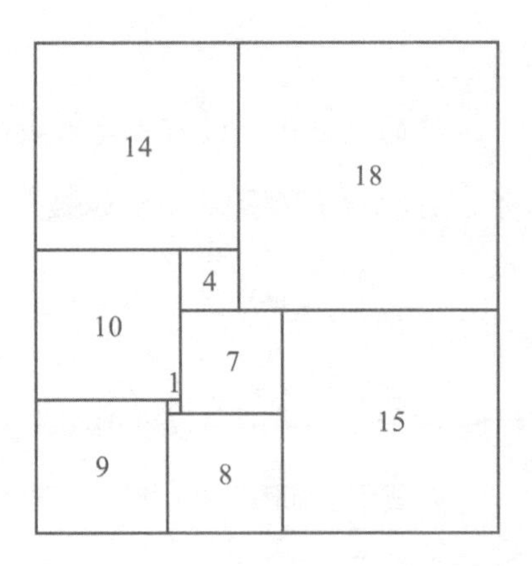

“我拼出来啦！”罗克高兴地说，“拼出这个长方形的长边是33，短边是32。”

米切尔兴奋地说：“埋藏珍宝的地点是出了洞口先向前走33步，向右转，再走32步。”

罗克点点头说：“对，就是这么回事！我们再来看第二组图形。”

第二组图形是一个大的正方形。正方形被分成十六个小正方形，其中有九个方格画有黑点，还有七个空白格。大正方形的下面写着一行字：

> 有七个方格的黑点子我没有来得及画。把所有的方格都画上黑点子，再把所有的黑点子都加起来得一数 m。向下挖 m 指长，停止。

米切尔解释说："指长是指成年人的中指长，这是我们部族常用的长度单位。过去我们也研究这个图，总搞不清楚这七个空格里应该画多少个黑点子。"

"让我想一想。"罗克拍着脑袋说，"这黑点子的画法是有规律的。你看，这最上面一行的点子数，从左到右是 1、2、3，下一个应该是 4。同样道理，最左边一行的点子数，从上到下也应该是 1、2、3、4。"

米切尔点点头说："说得有理。可是其他方格就不好画了。"

罗克指着图说："这条对角线上的点子数也是有规律的，它们都是完全平方数，$1^2=1$，$2^2=4$，$3^2=9$，$4^2=16$。"说着，罗克把三个方格画上了黑点子。

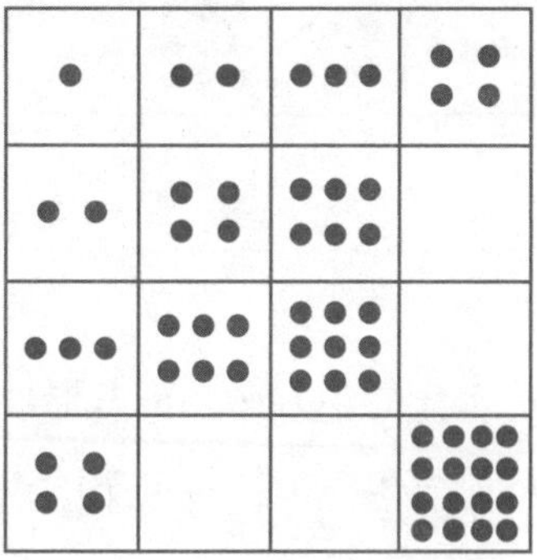

米切尔竖起大拇指夸奖说："不愧是数学家，这数字关系一眼就能看出来。"

罗克摇摇头说："别开玩笑，我一个中学生和数学家一点不沾边！"

米切尔望着图说："剩下的四个方格就难画喽！"

"也不难。"罗克指着图说，"你仔细观察就能发现，中间方格的黑点子数恰好等于最上面方格黑点子数和最左面方格黑点子数的乘积。"

米切尔有些不信，亲自动手算了一下：

2×2=4，2×3=6，3×2=6，3×3=9。

"哈，一点不差！我也会画了。最下面一行的两个方格应该画8个和12个黑点子，最右面的两个方格也一样。"米切尔把余下的四个方格也画上黑点子。

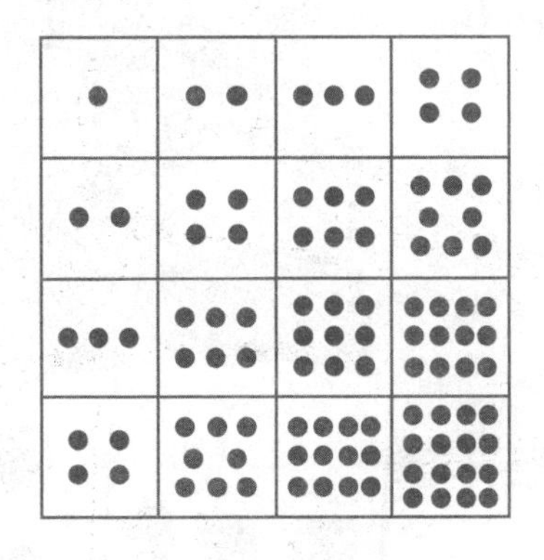

米切尔高兴地说："方格的黑点子都画满了，咱们加起来就成了。"说着就要做加法。

"不用去一个一个地加。"罗克阻拦说，"我已经算出来了，等

33
32
100!

于 100。”

米切尔惊奇地问：“哟！你怎么算得这样快？”

“我是采用经验归纳法得出的。”罗克写出几个算式：

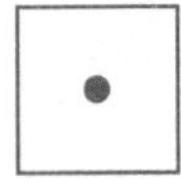

$1=1^2$。

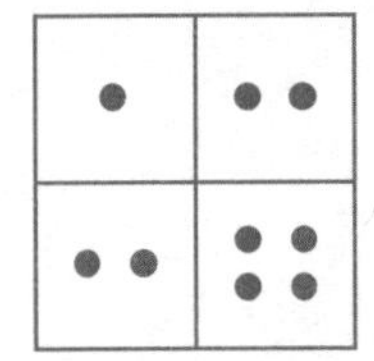

$1+2+2+4=9=3^2$。

$1+2+2+3+3+4+6+6+9=36=6^2$。

罗克说：“十六个方格的黑点子加在一起，一定是 10 的平方，因此是 100。”

米切尔摇摇头说：“为什么不是 8 的平方、9 的平方，而一定是 10 的平方呢？”

罗克说：“你把最左面所有方格的黑点子加在一起就会明白的。”

米切尔心算了一下，随后一拍脑袋说："噢，我明白了，底数恰好等于最左边所有方格黑点子数的总和：1+2+3+4=10，所以以10为底。"

罗克又画了一个图说："这样一拆，就可以得到连续的立方数。"

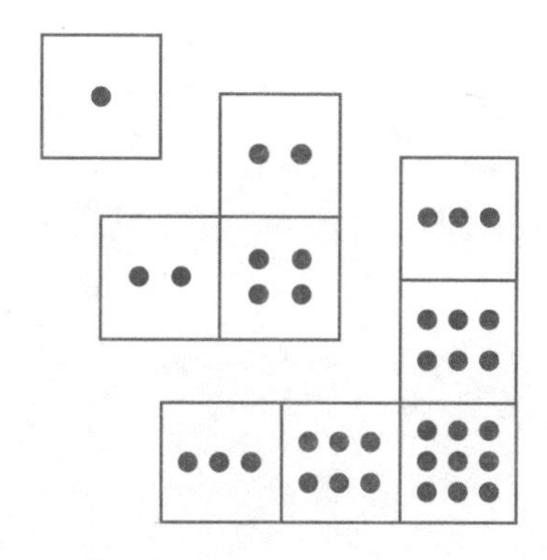

$1=1^3$。

$2+4+2=8=2^3$。

$3+6+9+6+3=27=3^3$。

"真有意思。"米切尔把话锋一转说，"这么说，走出洞口再向前走33步，向右转走32步，向下挖100指深，就能找到老首领埋藏的珍宝了。太好啦！赶快报告给新首领乌西。"

突然，从洞口处扔进一块石头，"啪"的一声将火把打灭。米切尔赶紧打亮手电筒，忙问："谁？"外面无人回答，接着又飞进一块石头，将手电筒打灭。米切尔一按罗克的肩头，低声说："趴下！"两个人赶快趴到了地上。洞里漆黑一片，只听到从洞口传来"噔噔噔"的脚步声。

米切尔和罗克爬起来快步冲到洞口，只见50米外的草木乱动，已不见人影。

罗克说："咱们快追！"

"慢！"米切尔拦住罗克说，"此人投石技术高超，追过去，他在暗处，我们在明处，我们要吃亏的！"

罗克忙问："你说怎么办？"

"先回去向乌西首领报告。"说完拉着罗克就往回跑。

数学加油站 4

开心科普

数学奖之一的奥斯特洛斯基奖，由瑞士奥斯特洛斯基基金会颁发。此奖系著名瑞士数学家 A.M. 奥斯特洛斯基（1893–1986）留下遗产建立了奥斯特洛斯基基金。1987 年设此奖，每两年颁奖一次，奖励在纯粹数学或数值分析的基础理论方面于前五年中有突出成就的数学家。1989 年首次颁奖。

趣题探秘

（难度指数★★）

霍克是一名聪明的木工，他之前得到了一块矩形的木板（如右图），只可惜木板上有三个矩形的洞（阴影部分），不过聪明的霍克却巧妙地把木板分割成了两块，重新拼成了一块没有洞的木板，你知道他是怎么做到的吗？

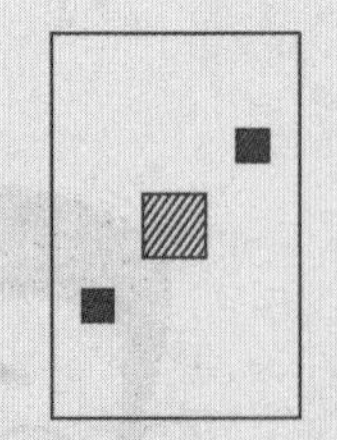

轻松一刻

（难度指数★）

三个好朋友共撑一把非常小的伞在街上走，却没有被淋湿，为什么呢？

米切尔和罗克正向乌西首领所在的大茅屋跑去，突然，脚下被什么东西绊了一下，“扑通”一声，罗克首先摔倒在地，接着米切尔也摔倒了。罗克回头一看，是一条长绳把他俩绊倒的。

“不许动！”随着喊声，从树后跳出两个蒙面人，他们手里各持一把尖刀，其中一个又高又胖，另一个又矮又瘦。高个儿用绳子把米切尔捆了，矮个儿把罗克捆了。他们推推搡搡，押着米切尔和罗克向右边一条小路走去。

米切尔一边走一边大声叫道：“黑铁塔，你不要以为把脸蒙上，我就认不出你了！你为什么绑架我们？”

“黑铁塔？”罗克心想，“那个高个儿的是黑铁塔，这个矮个儿一定是戴眼镜的小个子啦！今天他为什么没戴眼镜？我来试试他的眼力。”罗克发现前面有半截树墩。罗克成心从树墩上迈了过去，跟在后面的矮个儿却没看见，“扑通”一声，被树墩绊了一个嘴啃泥。

“哈哈。”罗克笑着说，“他是黑铁塔，你一定是戴眼镜的小个子喽！怎么不戴你的眼镜？白白摔了一跤。”

小个子从地上爬了起来，拍了拍身上的土，从口袋里掏出眼镜架在鼻子上，推了一把罗克，示意他继续往前走。又走了一会儿，前面有一间小茅屋，两个蒙面人把罗克和米切尔推了进去。

两个人收起了尖刀，去掉蒙面布，果然是黑铁塔和戴眼镜的小个子。这两个人都能讲流利的英语。

戴眼镜的小个子笑了笑说：“二位受委屈了。米切尔，你在千方百计寻找一百多年前老首领埋藏的珍宝，我和黑铁塔也一直在寻找这份珍宝。咱们明人不说暗话，谁能得到珍宝，谁就是神圣部族的真正主宰者，谁就是这个岛国的真正主人。”

米切尔愤怒地责问：“你把我和罗克绑架到这儿，究竟想干什么？”

小个子用手扶了扶眼镜说：“罗克是中国人，他不能知道我们神圣部族的秘密。不然的话，他把这个秘密张扬出去，国外的一些好财之徒必来抢夺，会给我们部族招来灾难。”

米切尔反驳说：“珍宝的秘密一百多年来谁也没有揭开，是罗克帮助我们揭开了这个谜。”

“对，对。”小个子连连摆手说，“罗克是帮了很大的忙，你们俩在山洞里的谈话，我和黑铁塔在外面听得一清二楚。你们计算的结果，就是出洞口向前走 33 步，向右转走 32 步，下挖 100 指深，我们也知道啦！”

“不可能！”米切尔不相信小个子的话，他说，“洞口离我们说话的地方那么远，我们俩说话的声音又很小，你怎么可能听得见呢？”

“嘿嘿。”小个子笑了笑说，“前几个月，我们就把那个洞修整了一下，我们是利用了‘刁尼秀斯之耳’听到的。”

“什么是‘刁尼秀斯之耳’？”米切尔不懂。

小个子用手指了指罗克说：“不明白你去问数学家嘛！”

米切尔问：“罗克，你知道什么是‘刁尼秀斯之耳’吗？”

“知道。”罗克说，“在古希腊，西西里岛的统治者开凿了一个岩洞作为监狱。被关押在岩洞里的犯人，不堪忍受这非人的待遇，他们晚上偷偷聚集在岩洞靠里面的一个石头桌子旁，小声议论越狱和暴动的办法。可是，他们商量好的计划很快就被看守官员知道了。看守官员提前采取了措施，使犯人商量好的计划无法实行。犯人们开始互相猜疑，认为犯人中间一定出了叛徒，但是不管怎么查找，也找不到告密者。后来才搞清楚，这个岩洞不是随意开凿的，而是请了一位叫刁尼秀斯的官员专门设计的。他设计的岩洞监狱采用了椭圆形的结构，而石头桌子恰好在椭圆的一个焦点上，看守人员在另一个焦点上。这样，犯人在石桌旁小声议论的声音，通过反射可清楚地传到洞口看守人的耳朵里，后来就把这种椭圆形的构造叫作‘刁尼秀斯之耳’。”

小个子见米切尔没太听懂，就在地上钉了两根木桩 A 和 B，又找来一根绳子，将绳子的两端分别系在 A、B 两根木桩上。小个子又找来一根短棍把绳子拉紧，拉成折线，顺着一个方向画，画出来一个椭圆。

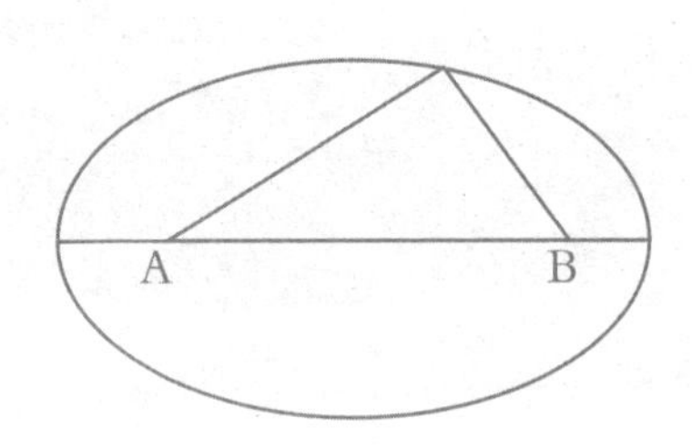

A
B

小个子说："两根木桩所在的 A、B 两点就是椭圆的焦点。椭圆有一个重要性质：从一个焦点发出的光或声音，经椭圆反射，可以全部聚集到另一个焦点上。'刁尼秀斯之耳'就是根据这个性质设计的，这一下你明白了吧！"

米切尔怒视小个子问道："你打算怎么办？"

"怎么办？"小个子十分得意地说，"你和罗克先待在这儿，我和黑铁塔去挖珍宝。对不起，先委屈你们啦！黑铁塔，咱们快走！"小个子和黑铁塔急匆匆走了出去，从外面把房门锁上，"噔噔噔"一溜小跑去挖珍宝了。

罗克问："怎么办？咱俩大声叫喊怎么样？"

"不成。这是猎人临时休息用的屋子，孤零零的，周围没人。"米切尔摇了摇头。

"难道咱们俩就在这儿干等着？"罗克有点儿着急。

"你过来。"米切尔趴在罗克耳朵上小声说，"咱们可以这样、这样……"

罗克笑着点了点头。

话分两头，再说戴眼镜的小个子和黑铁塔去挖珍宝。他俩来到洞口，黑铁塔说："出洞口先向前走 33 步，我来走。"说着黑铁塔迈开大步就往前走。

"慢！"小个子拦住了黑铁塔说，"你身高一米九〇以上，我身高不足一米六〇。你迈一步的距离和我迈一步的距离可就差远了。是你迈 33 步呢？还是我迈 33 步。"

"这个……"黑铁塔拍着脑袋想了一下说，"像我这么高的人不太多，而像你那么矮的人也不多见。我看可以这样办，我走 33

步停下，你也走 33 步停下，取咱俩位置的中点不就合适了嘛！”

“对，咱俩不妨试一试。”小个子说完就和黑铁塔走了起来。

两个人试了一次，向下挖了一个深坑，什么也没有；两个人再试一次，又挖了一个深坑，还是什么也没有。两个人左挖一个坑，右挖一个坑，一个下午足足挖了十几个坑，还是一无所获。眼看太阳就要落下去了，两个人坐在地上一个劲儿地擦汗。

突然，戴眼镜的小个子想起了米切尔和罗克还关在小茅屋里。他拉起黑铁塔就往小茅屋里跑，用钥匙打开屋门一看，屋里只剩下捆米切尔和罗克的两根绳子，人却不知所踪！

开心科普

数学奖之一伯格曼奖，由伯格曼信托基金会授奖。出生于波兰的美国数学家 S. 伯格曼的遗孀去世后，按其遗愿为纪念其丈夫，把她的捐款设立了伯格曼信托基金会并设立此奖。由美国数学会审选受奖者，每年一次，1989 年首次颁奖，奖励在核函数理论及其在实与复分析中的应用、函数理论方法在椭圆形偏微分方程中的应用，特别是伯格曼算子方法等方面的成果。

趣题探秘

（难度指数★★）

重新排列下图中的数字，使它们在任何一条线段之间互相都不连续。

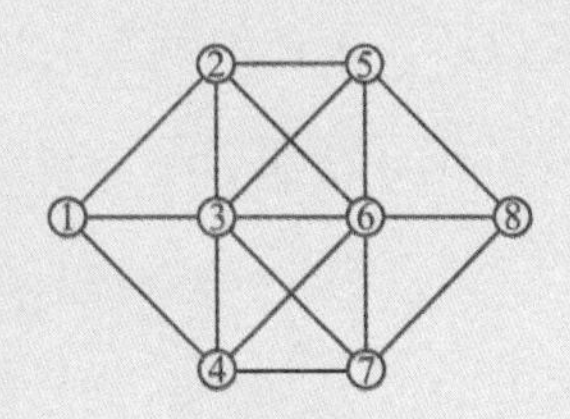

头脑风暴

（难度指数★★）

有一个最小正整数，除 6 余 5 ，除 5 余 4，除 4 余 3，除 3 余 2，这个数是几呢?

扫一扫看金牌教师视频讲解

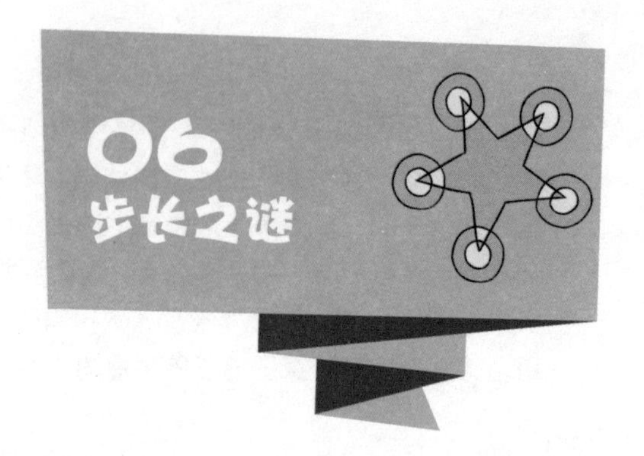

回过头来，我们再来说说罗克和米切尔是怎样逃脱的：

他俩被反捆着双手锁在小茅屋里。罗克十分着急，米切尔小声对罗克说："你过来，转过身去。"

罗克把身子转过去以后，米切尔就弯下腰，用牙去解绳子结。经过一番努力，捆罗克的绳子被解开了。两人把窗户打开，从窗户跑了出去。

到哪儿去？米切尔说应该去报告首领乌西。而罗克却主张先去山洞附近，看看戴眼镜的小个子是否把珍宝挖到了手。米切尔同意罗克的意见。两个人偷偷地向藏宝地点走去。

罗克和米切尔藏在一块大石头后面，看见戴眼镜的小个子和黑铁塔正在汗流浃背地挖坑，他俩挖一阵子骂一阵子，可是什么也没挖出来。

米切尔问罗克："他俩挖了那么多坑，为什么还找不到珍宝？"

罗克笑了笑，小声说道："他们俩总找不到藏珍宝的确切地点，所以到处瞎挖。"

“咦？”米切尔疑惑地问，“他俩不是知道向前迈多少步，再向右迈多少步吗？为什么还找不到准确地点呢？”

“关键在于一步究竟有多长。”罗克说，“规定一种长度单位是很费脑筋的。比如，三千多年前古埃及人用人的前臂作为长度单位，叫作‘腕尺’。可是，人的前臂有长有短啊！于是在修建著名的胡夫大金字塔时，就选择了古埃及国王胡夫的前臂作为标准‘腕尺’，这样修成的大金字塔的高度恰为 280 腕尺。”

米切尔听了觉得挺有意思，又问：“过去有用步作长度单位的吗？”

“有啊！”罗克说，“我们中国唐朝有个著名皇帝唐太宗李世民。他规定：以他的双步，也就是左右脚各走一步作为长度单位，叫作‘步’。又规定一步为五尺，三百步为一里。一百多年前，你们部族的老首领说‘出洞口走 33 步’，不知他说的步以谁的为标准？”

米切尔也皱着眉头说：“是啊！事情已过去一百多年了，谁知道当时是以谁的一步为标准，也许是以老首领他本人的一步为标准，但是老首领一步有多长谁也不知道，连老首领有多高也没人了解。唉！看来这珍宝是找不到了。”

两个人都不说话了。沉默了一段时间，罗克突然想起了什么，他十分有把握地说：“老首领既然想把这批珍宝留给后人，他就不会留下一个谁也解不开的千古之谜。我敢肯定，老首领在山洞里一定留下了什么记号，标出一步究竟有多长。”

“你说得有理！走，咱俩再回山洞里仔细找一找。”米切尔说完，拉起罗克就走。正巧，这时戴眼镜的小个子和黑铁塔急匆匆地离开了这里，去小茅屋找罗克和米切尔。米切尔用树枝扎成火把，将火把点燃向洞里走去。

罗克小声说："由于山洞里很黑，又由于时间上相隔了一个世纪，所以搜寻这些记号时要特别细心，不能遗漏任何一块地方。"

"放心吧！掉在地上的一根针，我们也要把它找到。"米切尔把火把举得很低，仔细寻找每一寸土地。

突然，在一个角落发现了几个比较浅的小坑，罗克激动地说："米切尔，快来看这几个小坑！"

米切尔凑近了仔细一看，不以为然地摇了摇头，说："这地上有许许多多小坑，有什么稀罕的？"

"不，不。"罗克把小坑上面的浮土用力向两边扒了扒说，"你看，这里是一大四小一共五个小坑，它们像什么？"

米切尔仔细看了看，一拍大腿说："嘿！像人的五个脚趾，有门儿啦！"

两个人又在周围仔细寻找，果然又发现了同样的五个小坑。米切尔说："这一前一后的脚趾坑，正好是一步的距离。嘿！这一步可真够长的，有一米多长。"

罗克说："如果这真是你们老首领的实际步长，他的个头足有两米高。"

两人找到一根绳子，把这一步长记了下来。最后罗克又用手把土弄平，恢复了原样。米切尔熄灭了火把，悄悄走到洞口看了看，洞外没有人，他向罗克招了招手，两人爬出了洞口。

罗克问："咱们现在就动手挖好吗？"

米切尔摆摆手说："不行。小个子和黑铁塔回到小茅屋找不到咱俩，肯定要回到山洞来的。"

罗克拍了拍脑袋说："咱们要想个办法，把他们俩引开才行。"

"怎样引法呢？"米切尔有点儿发愁。

罗克笑了笑说："我有个妙法，叫作'请君入瓮'。"

果然不出米切尔所料，戴眼镜的小个子和黑铁塔发现罗克和米切尔跑了，就急着往山洞赶，他俩害怕罗克和米切尔抢先把珍宝挖了去。

小个子对黑铁塔说："看来，米切尔和罗克没敢回这儿来。"

黑铁塔大嘴一撇说："我琢磨着他俩也不敢回来，如果再落到我们手里，一拳一个都把他们砸成肉饼！"说完两只大手用力一拍，"啪"的一声，声音震耳。

小个子无意中发现在洞口一块大石头上写着两行字，内容是：

米切尔：

我在山洞里发现了一个有关步长的方程，我很快就能解出来，请你赶快进洞来。

罗克

小个子对黑铁塔说："你来看这两行字。"黑铁塔看完后非常高兴，喊道："好啊！这两个小子钻进洞里解方程去了，咱们进去把他俩抓住！"说着拉起小个子就要往山洞里钻。

"慢！"小个子说，"罗克虽说年纪不大，但他是个数学家，不能小瞧了他。这会不会是罗克设下的圈套？"

黑铁塔把大嘴又一撇说："一个小毛孩子会设什么圈套！你这个人总爱疑神疑鬼的，净自己吓唬自己。"

小个子摇摇头说："不可大意。依我看，咱俩还是一个进山洞，另一个在外面守着。"

"一个人进洞？"黑铁塔说，"你一个人进洞，你打得过他们两个人吗？如果你一个人爬进去，准叫他俩给收拾了。我一个人进洞是不怕他俩的，可是我又不会解方程，进去有什么用？你放心吧！有我保护，你准出不了事！"

黑铁塔也不管小个子是否同意，点燃了两支火把，硬把小个子拉进了山洞。进了山洞，连罗克和米切尔的影子都没看见。

小个子又有点疑惑，他不安地说："怎么不见他们两个人呢？这中间有诈！"

"又疑神疑鬼！他们俩听见我黑铁塔来了，早吓得一溜烟儿跑了。咱俩快找那个方程吧！"黑铁塔说着举着火把到处找。没找多一会儿，真让黑铁塔找到了。在一块突出的大石头下面，用刀子刻着几行小字：

有一天我在林中散步，
一边走一边计算我的步长，
步数总数的$\frac{1}{8}$的平方步，
是向东走；
向西只走了 12 步，
我总共走了 16 米啊，
问我一步有多长？

共行16米。

小个子看完了摇摇头说："这诗写得实在不怎么样，比起古代中国诗歌差远啦！"

"你管他诗写得好不好，快把步长算出来吧！"

"这个容易。"小个子把眼镜向上扶了扶说，"可以先求出他一共走了多少步。设总步数为 x，那么，总步数的$\frac{1}{8}$的平方步就是$\left(\frac{x}{8}\right)^2$，另外又向西走了 12 步，可列出方程：

$$\left(\frac{x}{8}\right)^2+12=x。$$

这是一个一元二次方程。可以把它先化成标准形式，然后用求根公式去解：

由$\left(\frac{x}{8}\right)^2+12=x$，

整理，得 $x^2-64x+768=0$，

$$x=\frac{64\pm\sqrt{64^2-4\times768}}{2}$$

$$=\frac{64\pm32}{2},$$

$x_1=48$，$x_2=16$。

他可能走了 48 步，也可能走了 16 步。"

黑铁塔说："小个子，你的数学还真有两下子！不过，到底是走了 48 步呢，还是走了 16 步？"

小个子说："按 48 步算，他每步只走 0.33 米，这步子太小；按 16 步算，每步恰好 1 米。像你这样大的个头，一步迈出 1 米是差不多的。"

"太好啦！"黑铁塔高兴地跳起老高说，"这回咱们拿着皮尺量，向前量 33 米，向右转再量 32 米，就能准确地找到藏宝地点。哈哈，

珍宝就归咱们俩啦！”

小个子比较冷静，他说：“刚才距离量得不对，白让咱俩挖了半天。看来一步多长不掌握，是不可能找到准确的藏宝地点的。这就叫作‘差之毫厘，失之千里’呀！”说完与黑铁塔一起兴冲冲地向洞口走去。

怎么回事？洞口被人从外面用大石头给堵上啦！尽管黑铁塔力气很大，由于洞口太小使不上劲，黑铁塔用了很大力气，堵洞口的大石头纹丝不动。

小个子一拍大腿说：“唉！咱们上当啦！是罗克把咱俩骗进了山洞，他们用大石头从外面堵上，然后他俩就可以放心地挖珍宝啦！”

黑铁塔那股神气劲儿也没了，他低着头懊丧地说：“这山洞我进来不知多少趟了，从来没看见大石头上这几行字，显然，这字是罗克他们新刻上去的。”两个人没法出去，只好等人来救吧！

不错，这正是罗克设下的圈套，把小个子和黑铁塔骗进洞里，又用大石头从外面把洞口堵上。米切尔还不放心，又用一根大木头顶上。米切尔笑着说：“黑铁塔纵有千斤之力，也休想推开这块石头。”

罗克拿着量好的绳子开始丈量距离，先向前量 33 次，向右转再量 32 次。

罗克说：“好啦！这就是藏宝的准确地点。”

米切尔指着稍远处一个新挖的坑说：“好险呀！差点让小个子挖着。”

两个人正要动手挖，突然跑来一个士兵，冲着他俩喊：“罗克、米切尔，首领乌西有要事找你们，叫你们俩马上就去！”

“啊，乌西首领找我们，莫非……”

开心科普

费萨尔国际奖，由费萨尔国王基金会授奖。沙特阿拉伯前国王的第八子为纪念其父费萨尔国王于 1976 年建立费萨尔国王基金会，于 1979 年设立此奖，世界各国的学术机构、组织都可提出受奖候选人。费萨尔奖轮流颁发给数学、化学、生物学和物理学领域，每年一个学科。1987 年第一次为数学学科颁奖，获奖者是英国著名数学家阿蒂亚。

趣题探秘

（难度指数★★）

用一块长 80cm, 宽 60cm 的硬纸片，在四个角上截去四个相同的边长为 $x$cm 的小正方形，然后做成底面积为 1500cm^2 的无盖的长方形盒子，x 的值应该是多少?

轻松一刻

（难度指数★）

海边停着一艘船，船吃水的深度为 1 米，没有吃水的高度是 2 米，海水每小时上涨半米，几个小时后这艘船会被海水淹没?

乌西首领在大茅屋里接见了罗克。由于还没和米切尔商量好，怎样向乌西汇报发现珍宝，所以，罗克没有讲发现埋藏珍宝的事。

乌西显得很高兴，他对罗克说："为了庆祝我担任新首领，神圣部族要召开庆祝会。为了表示对全部族同胞的感谢，我想在我的座位前面，安排一个由16个人组成的方队，要求横着4行竖着4列。我想这16个人由这样四部分人组成：4个老人，4个青年，4个小孩，4个妇女。为了使4个老人能区分开，让他们扎不同颜色的腰围，有红色的、蓝色的、绿色的和黄色的。青年、小孩、妇女也分别扎这4种不同颜色的腰围，以示区别。"

罗克说："你想的办法很好。"

"可是我遇到了一个难题。"乌西站起来边走边说，"我想把这个方队排得十分均衡。也就是说，每一行、每一列中都是由老人、青年、小孩和妇女组成，而且还必须每一行、每一列的4个人扎着不同颜色的腰围。我想这种排法四部分人就均衡了，4种颜色也分配均匀了，是十分理想的排法。可

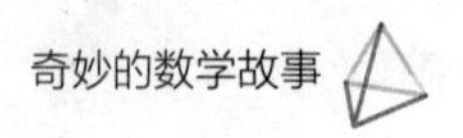

惜的是，我排了半天也没有排出来，想请你帮忙给排一排。”

罗克想了一下说：“好吧，我来排一下试试。”罗克要了一张纸，在纸上画一个正方形，又画出 16 个方格。罗克先沿着从左上方到右下方的对角线，把 4 个老人安排好。接着排上 4 个青年人，再排上 4 个小孩，最后把 4 个妇女排上。

乌西看着罗克排出来的图一个劲儿地鼓掌，他笑嘻嘻地说：“妙，妙！我看最妙之处是按规律去排，而不是瞎碰。”

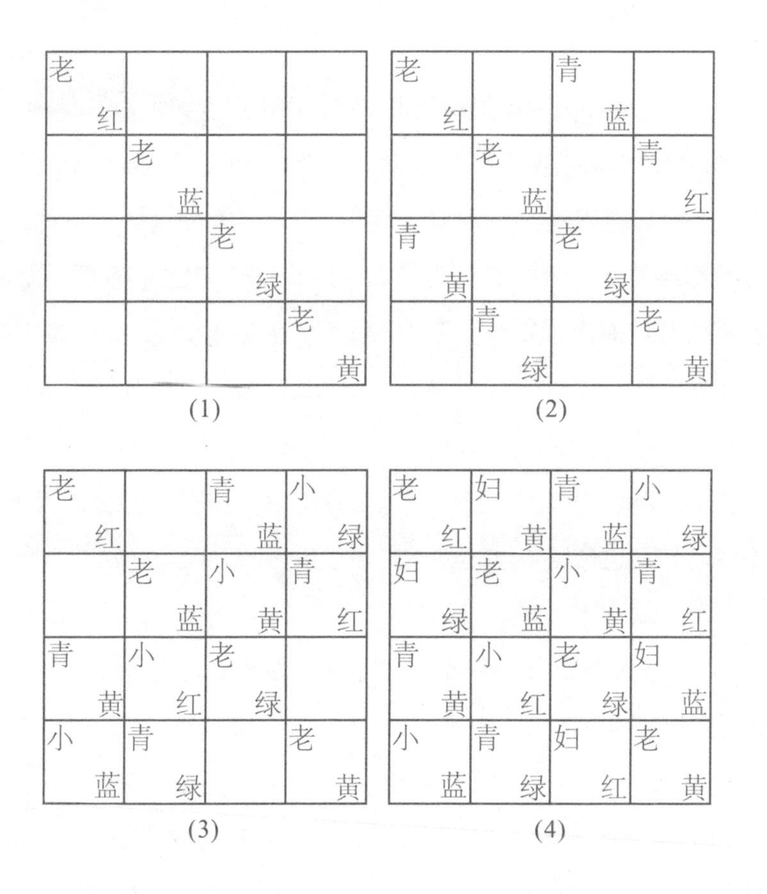

(1) (2) (3) (4)

4×4

乌西忽然心血来潮，他又问："如果我在方阵中再加一部分中年人，另外再加一种颜色——白色，由 25 人组成一个 5×5 的方阵，你能不能排出来呢？"

罗克点了点头说："可以排出来。"

乌西接着又问："如果再扩大一些，由 36 个人排成 6×6 的方阵，你能不能排出来？"

罗克心想，这位新首领会把方阵越扩展越大，问个没完。突然，罗克又想起戴眼镜的小个子和黑铁塔还堵在山洞里，时间一长，会不会憋死呢？

罗克灵机一动，对乌西说："首领，6×6 的方阵我没排过，不知能不能排出来。不过，我听别人说，贵部族的戴眼镜的小个子能排出来，您不妨把他找来。"

乌西说："你说的是那个戴眼镜的小个子呀！他的大名叫杰克，人们都叫他小个子。他现在在哪儿？"

米切尔也很快就明白了罗克的用心，他抢先回答说："我看见小个子和黑铁塔向北面那个神秘山洞走去了。"

乌西笑了笑说："小个子总想解开藏宝的秘密，这个秘密已经一百多年了，谁也没能解开。小个子虽然人很聪明，数学也很好，但是想解开这个谜也很难。"乌西的话还没说完，就听屋子外面小个子在嚷嚷："我跟那个叫罗克的小孩没完。他下手也太狠了，把我和黑铁塔堵在山洞里，差点憋死！"

小个子和黑铁塔气势汹汹地走了进来。两边的卫兵喝道："这是首领的宝殿，怎敢大声喧哗！"两个人立刻就不吭声了，低着头站在一旁。

乌西问："小个子，出了什么事？这么大吵大嚷的。"

黑铁塔抢着说："首领，我们发现了秘密。"他刚说到这儿，小个子在他脚上狠命地跺了一脚，痛得黑铁塔"哎哟，哎哟"直叫。

小个子赶紧接过话茬说："是呀，我们发现了一个秘密，就是……就是……就是米切尔和罗克特别要好。"

"嗨！这算什么秘密呀！"乌西摇摇头说，"罗克说你会排 6×6 的方阵，请你给我排一排好吗？""什么，什么，6×6 的方阵？"小个子给问愣了。

乌西就说自己原来想排 4×4 方阵，结果罗克给排出来了，5×5 方阵罗克也排出来，只有这 6×6 方阵排不出来。后来又听说你小个子会排，就把你请来了，希望你不要给神圣部族丢脸哪！

小个子听完这个过程，心中暗暗叫苦。因为按神圣部族的规矩，首领叫你干的事，你不能轻易拒绝。小个子又偷偷看了罗克一眼，心里恨恨地说："好小子，你把我堵在山洞里不算，又给我出难题，叫我在首领面前丢人现眼，我跟你没完！"

乌西见小个子低着头半天不说话，就催促说："你快点排呀！"

"是、是。"小个子不敢怠慢，拿起笔用大写的英文字母 A、B、C、D、E、F 代表 6 种不同的人，用小写的英文字母 a、b、c、d、e、f 表示 6 种不同的颜色，开始在 6×6 的方格上排了起来。左排一个不成，右排一个也不成，一个小时过去了，小个子急得满头大汗，纸也用去了几十张，结果 6×6 方阵还是没有排出来。乌西有些不耐烦了，在场的其他人也都有点着急。

米切尔小声问罗克："你怎么很快就把 4×4 方阵排了出来，小个子也很聪明，他怎么排了这么半天还没排出来呢？"

“这里有个秘密。”罗克小声讲了起来，“18 世纪，欧洲有个普鲁士王国，国王叫腓特烈。有一年，腓特烈国王要举行阅兵式，计划挑选一支由 36 名军官组成的军官方队，作为阅兵式的先导。普鲁士王国当时有 6 支部队，腓特烈国王要求，从每支部队中选派出 6 个不同级别的军官各一名，共 36 名。这 6 个不同级别是少尉、中尉、上尉、少校、中校、上校。要求这 36 名军官排成 6 行 6 列的方阵，使得每一行和每一列都有各部队、各级别的代表。”

米切尔惊奇地说：“这和乌西提出来的 6×6 方阵非常相似。”

罗克笑了笑说：“我也觉得奇怪，怎么能这样巧呢？可能当国王、当首领的都爱提这类问题吧！”

米切尔急切地问：“后来呢？”

“嘘，小点声！”罗克眨了眨眼接着讲，“腓特烈国王一声令下，可忙坏了司令官，他赶快召来 36 名军官，按着国王的旨意，一连折腾了好几天，硬是没有排出这个 6×6 方阵来。”

米切尔又着急了，他说：“排不出来，国王要怪罪司令官的！”

罗克点了点头说：“是啊！司令官也非常着急，怎么办呢？当时，正好欧洲著名数学家欧拉在柏林。司令官就请欧拉给帮忙排一排，结果欧拉也排不出来。欧拉猜想这种 6×6 的方阵可能排不出来，后来，就把这种方阵起名叫‘欧拉方阵’。现代数学已经证明：只有 2×2 的欧拉方阵和 6×6 的欧拉方阵排不出来。其他欧拉方阵都能排出来。”

米切尔笑着说：“这么说，这种 6×6 方阵根本就排不出来！既然排不出来，你硬叫小个子排，这不是成心整人吗？”

罗克严肃地说：“不是我成心整他。小个子想把你们祖先留下的珍宝占为己有，是不能让他得逞的！”

“说得对！”米切尔也点头表示同意。

乌西看小个子还没把6×6方阵排出来，就生气了。他一拍桌子站了起来，用手指着小个子说：“你到底会不会排？说句痛快话！”

小个子害怕了，他擦了一把头上的汗，结结巴巴地说：“虽……虽然我没排……排出来，可是我……我有个重要情况向您……您汇报。”

乌西一瞪眼睛说：“什么重要情况？快说！”

开心科普

我们身体真的很奇妙，比如说手就是一个神奇的计算器，最常见的是用手计算 9 的倍数。计算 9 的倍数时，将两只手放在膝盖上，从左手小拇指到右手小拇指编号 1 到 10。现在选择你想计算的 9 的倍数，假设这个乘式是 7×9，只用弯曲代表数字 7 的手指就可以了。这样，所弯曲的那根手指左边剩下的手指数是 6，它右边剩下的手指数是 3，将它们放在一起，得出 7×9 的答案是 63。

趣题探秘

下图中（左图）缺失的部分，是 A、B、C、D 中的哪一个？

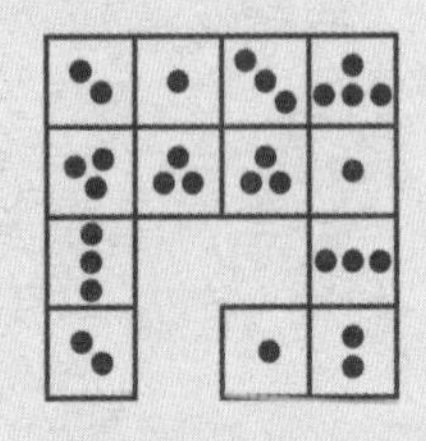

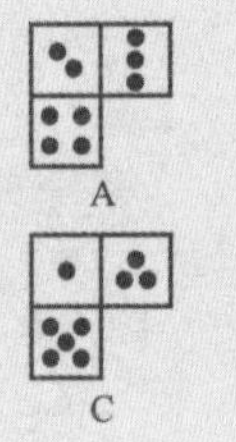

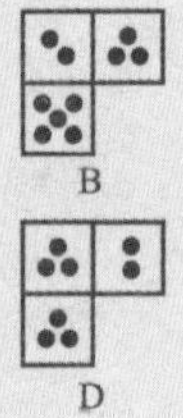

轻松一刻

（难度指数★）

重庆是一座山城，许多的道路不是上坡就是下坡，那么重庆到底是上坡多还是下坡多呢？

08 谜中之谜

乌西叫小个子说出发现了什么重要情况。

小个子扶了一下眼镜，指着罗克和米切尔说："他们俩背着您，偷偷跑到北面那个神秘山洞，揭开了老首领留下来的藏宝的秘密。"

乌西和在场的人听到藏宝的秘密被揭开，都惊讶地瞪大眼睛。乌西唯恐听错，又追问了一句："这可是真的？"

小个子看到大家都十分惊奇很是得意，他又往下说："肯定是真的。可是罗克和米切尔并不想把这件事情告诉您，而想把珍宝挖出来两个人私分。"

乌西问："你有什么证据？"

小个子拉过把他从山洞解救出来的士兵说："这个士兵可以作证，他看到了罗克为了找珍宝在地上挖的几个大坑。"士兵点了点头，承认确有此事。

乌西立刻怒火上升，"啪"地一拍桌子，喝道："好个罗克，你空难不死，还不是我们神圣部族救了你。你恩将仇报，竟想私分我们祖宗留下的珍宝，真是可杀不可留。来人哪，把罗克架出去烧死！"

乌西一声令下，上来几名士兵，两个人抓胳臂，两个人抓腿，一下子把罗克举了起来。这样一来，可把米切尔吓坏了，他赶忙阻拦说："乌西首领，冤枉啊！根本不是那么回事。"

乌西根本不容米切尔解释，站起来指着米切尔说："把这个见利忘义、吃里爬外的家贼也烧死！"说完立刻上来四名士兵，也像对待罗克那样，把米切尔高高举过头顶。八名士兵步伐整齐，一起向屋外走去。此时再看小个子，脸笑得都变了形。

眼看就要抬出屋了，罗克说了一句话："把我烧死，你们祖宗留下的珍宝就永远也别想找到喽！"

听了罗克这句话，乌西双眉往上一挑，大喊一声："慢着！"又命令士兵把罗克和米切尔放在地上。

乌西走近罗克一字一句地说道："如果你真的能把我们祖宗的珍宝找出来，我可以免你一死，还将送你去华盛顿参加数学竞赛。如果你找不到这批珍宝，那可就必死无疑了。"

罗克眨巴眨巴眼睛说："如果我不知道珍宝的秘密，小个子说的就全是假的。你按着假情报要杀死我，岂不是冤枉好人吗？"

乌西点点头说："嗯，你说得有理。你现在就领我们去挖掘珍宝吧！"

两名士兵押着罗克走在最前面，乌西、米切尔、白发老人及士兵紧跟在后，小个子和黑铁塔以及一大群看热闹的人走在最后面，一大群人浩浩荡荡地向北面的神秘山洞走去。

由于罗克已经在埋藏珍宝的地方做了记号，所以很快找到了藏宝的地点。

乌西命令士兵向下挖了足有 5 米多深，发现一个陶瓷瓶子，

士兵把这个陶瓷瓶子交给了乌西。乌西拿着这个普通瓷瓶直皱眉头，心想，这么个小瓷瓶能装多少珍宝？瓷瓶又这么轻，里面会装什么值钱的东西？

乌西打开瓷瓶往外一倒，金银珠宝没倒出来，飘飘悠悠只倒出一张纸条来。乌西急忙捡起来一看，上面写着几行字：

寻找珍宝的人：

你已经揭开了蒙在珍宝上的第一层面纱，我应当祝贺你！但是，我还不知道，你是我的后代子孙呢，还是外来入侵者？我不能把所藏珍宝贸然交给你，你还要接受我的考验。

在我们神圣宝岛的南端，是一望无际的沙滩。在沙滩中有一块奇特的、酷似人头的望海石，它是我们宝岛的象征。我们部族的渔民捕鱼归来，远远就可以看见这块望海石。望海石像亲人一样，翘首盼望着渔民的归来，望海石是永存的。

以望海石为圆心，以20步为半径画一大圆。找来100个人，让一个人站在正北的方向，其余人均匀地站在圆周上。把站在正北方向的人编为1号，然后依顺时针的方向编为2、3、4……99、100号。先让1号下去，又让3号下去，这样隔一个下一个，转着圈儿连续往下下，最后必然只剩一人。连接圆心（望海石）和这最后一个人的方向，就是埋藏珍宝的方向。你从望海石沿着这个方向走125步挖下去，就会发现宝藏！

忠于神圣部族的首领

麦克罗

1888年6月10日

“啊！埋藏珍宝的老首领叫麦克罗。”乌西非常兴奋，因为这张纸条揭开了这位百年前老首领名字之谜。

“走，到望海石去！”乌西一声吆喝，人群跟他向南部沙滩走去。

罗克远远就看见了那块突出的望海石，它是一块闪光的黑色石头，很像一个人的头像面朝着大海。

乌西站在望海石下对大家说：“我们要选出 100 个人来围成一个圆圈，从我这儿向外迈 20 步。嗯，一步有多大？这 100 个人怎样均匀排开？唉，这都是问题呀！”

白发老人对乌西耳语了几句，乌西点点头说：“不是大叔提醒我差点忘了，我们这儿有数学家罗克，请罗克帮助我们解决这个问题，大家说好不好啊？”

“好！”下面异口同声，接着又是一阵热烈的掌声。

盛情难却，罗克对乌西说：“好，我来解决这个问题。我一个人也不用，只给我一张纸、一支铅笔、一个圆规、一个量角器就可以了。”

“噢，这个简单。士兵，你快去给他拿这些用具。”乌西对罗克的做法不甚理解。

罗克先在纸上进行计算。乌西凑过去笑嘻嘻地说：“小数学家，你能不能边算边给我讲，让我也学点数学。”

“完全可以。”罗克对着围拢来的人群开始大声讲了起来，他说，“解决任何问题都要找出它的内在规律。如何去找它的内在规律呢？数学上常用的是‘经验归纳法’，就是从若干个具体的事例中归纳出一般规律。”

乌西两眼发直，一个劲儿地直摇头。罗克知道他没有听懂，接着说："我们先从简单的情况入手研究。比如说不是 100 人围成一个圈，而是 4 个人围成一个圈。"

乌西一听说 4 个人，高兴了。他说："4 个人就简单多了，连我都会做。4 个人编成号就是 1、2、3、4。按照要求，1、3 两号下去了，隔着 4 号，2 号又下去了，最后剩下的是 4 号。""好极啦！完全正确。"罗克高兴地说，"你再算一下 5 个人一圈、6 个人一圈、7 个人一圈，最后剩下的各是几号？"

"好的。"第一次的成功给乌西带来了勇气，他一个接一个地算了出来。

罗克把乌西算出的结果列了一个表：

一圈人数	最后剩下的号数
$4=2^2$	$4=2^2$
$5=2^2+1$	$2=1\times2$
$6=2^2+2$	$4=2\times2$
$7=2^2+3$	$6=3\times2$
$8=2^2+4$	$8=4\times2$

罗克说："我从这几个数可以归纳出一个一般的规律：如果原来有 2^k+m 个人围成一个圆圈，按前面讲的办法一个一个下去，最后剩下的必然是 $2m$ 号。"

乌西着急的是找珍宝，他问："你找到的规律，对寻找珍宝有什么用？"

罗克回答说："有了这个规律，就可以不用真找 100 人围圆圈了，也不用真的去一次一次淘汰了，只要算一下就可以知道最后剩下的是几号。"

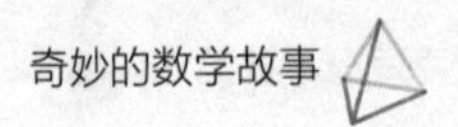

“真有那么灵？”乌西还是不太相信。

“我算给你看看。”罗克说，“100 写成 2^k+m 形式是 2^6+36，所以 $m=36$，最后剩下的必然是 36×2=72 号。”

乌西说：“你具体给找出来吧！”

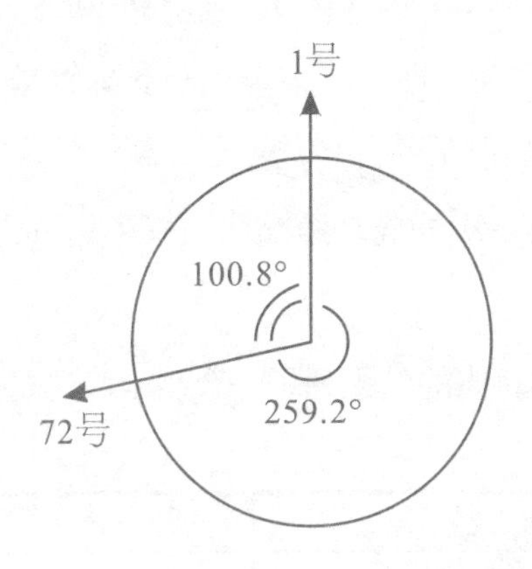

“可以。”罗克先画出一个大圆，定出正北方向。罗克说：“把一个周角分成 100 份，每一份是 3.6° 。72 号就占 72 份，以正北方向为始边，顺时针转动 259.2° ，就停留在 72 号位置了；或者从正北方向开始，逆时针转动 100.8° ，也同样可以到达 72 号的位置。”罗克利用这个方法在地面上找到了 72 号的位置，找到了埋藏珍宝的方向。他们从望海石开始，用罗克事先量好的小绳，这段小绳长恰好是老首领麦克罗的一步长。向岛内一共量了 125 次，量到了一点。乌西命令士兵向下挖，士兵挖了 1 米深，什么也没发现，又往下挖了一米，还是什么也没有！怎么回事？乌西急得一个劲儿地搓手，戴眼镜的小个子在一旁不断地冷笑，米切尔不断地看着罗克，而罗克却泰然自若，一点也不紧张。

乌西问罗克还要不要往下挖？罗克说不要再往下挖了。小个子幸灾乐祸地说："我说首领，这小子成心骗您哪！"

乌西两眼一瞪，逼近罗克问："你是在骗我？"

罗克笑了笑说："纸上写走 125 步，并没有指明是向哪个方向走。既然向岛内方向走没有挖到，不妨再向岛外的方向走走看，因为从一点沿着一条直线走，总可以向两头走的。"

乌西略微想了一下，觉得罗克说得有理，于是命令士兵用罗克的小绳向岛外再量 125 次。士兵不敢怠慢，急忙向岛外丈量，但是当丈量到 115 次时停止了，因为这时已经到了海边，再往外丈量就要走进汪洋大海了。

士兵来请示乌西，要不要走进海中丈量？乌西问罗克，要不要下海？罗克坚决地说，一定要量到 125 步！

看到罗克如此坚决，乌西下令继续往海里丈量。士兵只好涉水往前丈量，一直到 125 步为止，在终点插了一根标杆。在水中怎么挖呢？罗克叫士兵用石头和竹片围出一个圆圈，把圈中的水舀了出来。好在近岸处水并不深，十几名士兵一起动手，很快就筑起一个小堤坝，把水舀了出来。开始往下挖，挖了不到 1 米深，就碰到一件硬东西。士兵们小心翼翼地把这件东西挖出来，是一个大的陶瓷罐，把陶瓷罐的封口打开，里面装着满满的珍珠、钻石、黄金。

乌西和在场的人非常高兴，大家欢呼跳跃，乌西把罗克紧紧搂在怀里，连声道谢。

突然，一支乌黑的枪口顶在乌西的后腰上。一个人大喊："不许动！把珍宝全部交给我！"

开心科普

古人不仅用绳结记数，还使用小石子等其他工具来计数。例如，他们早晨放羊时，从栅栏里放出来一头就往罐子里扔一块小石子，傍晚羊进栅栏时，进去一头就从罐子里拿出一块小石子。如果石子全部拿光了，就说明羊全部进圈了；如果罐子里还剩下石子，说明有羊丢失了，然后立刻去寻找。

趣题探秘

（难度指数★★）

观察图 A、B、C 寻找规律，图 C 问号处应该填写什么数字?

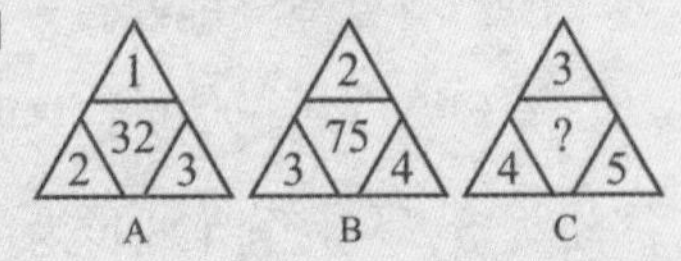

轻松一刻

（难度指数★★）

IX 在罗马数字里表示 9，怎么加上一笔，能让这个数字变成偶数呢?

09 派遣特务

正当乌西高兴时，一支手枪顶在他的后腰上，命令他把挖出来的全部珍宝都交给他。

乌西转过头来一看，惊讶地喊道：“小个子杰克，你这是干什么？不要开玩笑！”

“谁和你开玩笑！”小个子冷冷地说，“两年前我回岛时，E国L珠宝公司就和我签订了合同。答应我如果能找到这笔珍宝，给我200万英镑的酬金，并让我当他们一个分公司的经理。我苦苦找了两年没找到，没想到小罗克帮了我的大忙，这真叫‘踏破铁鞋无觅处，得来全不费工夫’，我终于如愿以偿了，哈哈……”

小个子一阵狂笑过后，命令黑铁塔把罐子里的珍宝，全部装进一只帆布口袋中。黑铁塔背起口袋在前面走，小个子又掏出一支手枪，用两支手枪对着大家，倒退着走，直到消失在树林中。

乌西简直气疯了，他命令士兵立即向树林追击。十几名士兵拿着武器在树林里搜寻了半天，连小个子的影子都没找到。真怪，他们会跑到哪儿去呢？

乌西和在场的居民异口同声痛骂小个子和黑铁塔是叛徒，是部族的败类。

罗克问米切尔这到底是怎么回事？

米切尔叹了一口气说：“唉！我们神圣部族也不是和外界完全隔绝的。每年我们部族都要派遣几个聪明能干的人，到外国去做买卖。小个子很聪明，能说会道，我们部族常派遣他到外国做买卖。”

“噢，我明白了。”罗克说，“E国人早就知道你们的老首领麦克罗藏有一批珍宝，他们利用小个子在国外做买卖的机会收买了他，把小个子作为L珠宝公司的特务派遣回岛。”

“一点不错。”米切尔接着说，“小个子收买了身强力壮的黑铁塔，两个人狼狈为奸，要夺走这批珍宝！”

乌西哭丧着脸对罗克说：“小个子和黑铁塔把珍宝抢走了，还要请你帮忙找到他俩，把祖宗留下来的珍宝夺回来！”

罗克说：“小个子曾把神秘洞的洞壁修改成椭圆形，用以偷听我和米切尔的谈话。从这一件事就可以看出，小个子早就为夺取珍宝做好了一切准备。我一定尽我的力量抓到他。”

乌西命令米切尔协助罗克寻找小个子。为了防止万一，发给米切尔和罗克每人一支手枪，一场捉拿派遣特务小个子的战斗开始了。

罗克和米切尔走进了树林，发现这片树林并不大。树林后面是一座石头山，山腰上有许多大大小小的石洞。罗克问：“这是座什么山？”

米切尔回答说：“这座山叫‘百洞山’，传说这座山有100个大小不等的山洞。”

罗克惊奇地问："真有 100 个山洞？"

米切尔笑了笑说："小时候，我常到这座山上玩，我也不信有 100 个洞。我和小伙伴来了个实地勘察，把洞逐个编上号。我们用了整整 10 天的工夫，把所有的山洞都编上号，一共是 79 个山洞。"

米切尔拉着罗克走进一个山洞，在这个山洞壁上，还可以清楚地看到刻在上面的数字"19"。

罗克高兴地说："这是你们编的第 19 号山洞？"米切尔笑着点了点头。

罗克指着山洞说："我估计小个子和黑铁塔藏在某个山洞里。"

米切尔把袖口往上一撸说："干脆！咱俩从 1 号山洞开始，挨着个地搜查，总能把他俩抓到。"

"不成。"罗克摇摇头说，"这样搜查太慢，而且容易打草惊蛇。"

"你说怎么办好？"米切尔没有什么高招。

罗克问："这些山洞里有水吗？"

米切尔摇摇头说："山洞里虽然比较潮湿，但是没有水源。"

"嗯……"罗克想了一下说，"小个子在山洞里一定贮存了不少食品，但是饮水却不好贮藏。这山上泉水挺多，他们必然晚上出来打水。我俩趁机摸上去，把他们俩一举歼灭！"

米切尔不以为然地说："这倒是个好主意，只是山洞太多，又很分散，咱俩一个晚上只能盯住一个山洞，这么多山洞要盯到哪一天哪！"

"不，不。"罗克连连摆手说，"不能这样盯法。咱俩一个在山顶，一个在山底，这样视野就开阔多了。发现他们从哪个洞出来，及时向对方发信号，指明小个子是从哪号山洞里出来的，咱俩同时向这号山洞靠拢。”

“咱俩离那么远，喊话不成，拍手不成，怎么个联系方法呢？”米切尔还是有点发愁。

罗克想了一下，问道：“百洞山的夜晚，经常有什么动物叫啊？”

“有猫头鹰和山猫。”米切尔说着就学起猫头鹰和山猫的叫声。罗克也跟着米切尔学，米切尔夸奖说，你学得还真像。

“我有个互相联系的好方法。”罗克在地上边写边说，“咱们采用二进制进行联系。二进制只有 0 和 1 两个数字，它的进位方法是‘逢二进一’。我列个对照表，你就全清楚了。”

十进位数	0	1	2	3	4	5	6	7	8	9	10
二进位数	0	1	10	11	100	101	110	111	1000	1001	1010

米切尔说：“我还弄不清楚，用二进制怎么个联系法。”罗克耐心解释说：“用猫头鹰叫代表 1，用山猫叫代表 0。如果你听到我先学猫头鹰叫，再学山猫叫，最后又学猫头鹰叫，简单说是鹰——猫——鹰，写出相应的二进制数就是 101，从对照表中可以查出是十进制数 5，表示我看见小个子从 5 号山洞走出来了。”

“噢，我明白了，如果我学叫的是鹰——猫——鹰——猫，相应的二进制数就是 1010，表示我看见小个子从 10 号山洞走出来了。嘿，真有意思！”米切尔转念一想说，“可是，如果小个子从 79 号山洞走出来，我还不得叫上它一百多次？”

罗克笑了，他说：“不会的。我用短除法把 79 化成二进制数，看看是多少。记住，每次都用 2 去除，一直除到商是 0 为止。”罗克列了个算式：

```
2 |79
2 |39  …………余1   ↑
2 |19  …………余1   │
2 | 9  …………余1   │
2 | 4  …………余1   │
2 | 2  …………余0   │
2 | 1  …………余0   │
    0  …………余1   │
```

罗克指着算式说：“把右边所有的余数，由下向上排列就得到79相对应的二进制数1001111。”

米切尔笑着说：“这样，我只要学鹰——猫——猫——鹰——鹰——鹰——鹰，7次叫声。”

罗克拍了一下米切尔的肩膀说：“怎么样？最多才叫7次嘛！可是，要记住化十进制数为二进制数的方法，否则你该不知道怎样叫法了。”

突然，米切尔提了一个问题，他说：“你接到我的信号，怎样把二进制数化成十进制数呢？”

“这个不难。”罗克边写边说，“你只要记住下面公式，注意这个公式是从右往左记最方便：

Ⅳ $=1\times2^6+0\times2^5+0\times2^4+1\times2^3+1\times2^2+1\times2^1+1\times2^0$

$=64+0+0+8+4+2+1=79$。”

米切尔点点头说：“我明白了。从最右边20开始，指数依次加1，然后各项与二进制数相应的项相乘，再相加就成了。”

罗克竖起大拇指说：“你真行，一点就通。”

1001111
0
1

天渐渐黑了下来，两个人收拾一下，摸黑来到了百洞山。米切尔灵巧得像只猫，他很快就爬上了山顶，占据了有利的地势。罗克爬上了一棵树，一动不动地盯着前面的几个山洞。

夜晚的树林并不宁静，昼伏夜出的动物不时出现。听到啦！这是猫头鹰的叫声，因为这叫声没有什么规律，肯定不是米切尔发出的信号。相比之下，罗克更喜欢听那"哗哗"的海涛声。时间在一分一秒地往前走，罗克既没有看见小个子的影子，也没听到米切尔发出的信号。真难熬呀！罗克的上下眼皮一个劲儿地打架，为了不使自己睡着，他右手用力捏自己的大腿。

突然，罗克听到山顶上发出了叫声，规律是鹰——猫——猫——鹰，一连叫了三遍。罗克小声叫了一声："在9号山洞！"说完从树上溜了下来，拔出手枪，直奔9号山洞。

开心科普

20 世纪被称作第三次科技革命的重要标志之一的计算机的发明与应用，因为数字计算机只能识别和处理由“0”“1”符号串组成的代码。其运算模式正是二进制。19 世纪爱尔兰逻辑学家乔治布尔对逻辑命题的思考过程转化为对符号“0”“1”的某种代数演算，二进制是逢 2 进位的进位制。0、1 是基本算符。因为它只使用 0、1 两个数字符号，非常简单方便，易于用电子方式实现。

趣题探秘

（难度指数★★）

解开一个密码锁需要一个 6 位数字，现在知道这个数字对应十进制数字是 36，你能换算出它的二进制数字吗?

头脑风暴

（难度指数★★★）

点燃一根绳子，从头烧到尾总共需要 1 个小时。现在有若干条这种材质相同的绳子，问如何用烧绳的方法来计时 1 小时 15 分钟呢?

10 山洞里的战斗

罗克听到米切尔发出的信号，知道小个子和黑铁塔藏在 9 号山洞里，拔出手枪一溜儿小跑向 9 号山洞冲去。

来到 9 号山洞，见米切尔拿着手枪埋伏在洞口旁。米切尔小声对罗克说：“我刚才看见黑铁塔提着一个大水桶去打水，可是一直没看见小个子出来。”

罗克说：“咱俩等一会儿，先把黑铁塔抓住，盘问出山洞里的情况，然后再进洞捉拿小个子。”

米切尔点了点头说：“好，就这么办！”停了一会儿，只听远处传来“噔噔”的沉重的脚步声，是黑铁塔打水回来了。罗克和米切尔在洞口的一左一右埋伏好，待黑铁塔刚刚到达洞口，两个人一齐蹿了出去。罗克用手枪顶住黑铁塔的后腰，小声喝道：“不许动！举起手来。”黑铁塔被这突如其来的行动惊呆了。他放下水桶，乖乖地举起了双手。

米切尔从口袋里取出事先准备好的绳子，要把黑铁塔捆起来。黑铁塔一看要捆他，急了，他一撅屁股把米切尔顶出好远，推开罗克，撒腿就往山洞里跑。他一边跑一边高声叫喊："不好啦！罗克和米切尔来抓咱们啦！"

洞里漆黑一片，罗克想用手电筒照照里面的情况。谁知，手电刚一打亮，里面"啪"的一枪将手电筒打灭。

罗克小声对米切尔说："你开枪掩护，我冲进去！"说完弯下腰就要往里冲。

米切尔一把拉住罗克说："慢着！这个9号洞里面情况十分复杂，支路岔路非常多，不熟悉情况的，即使拿着火把也很难走到最里面。"

罗克小声问："你熟悉里面的情况吗？"

米切尔摇摇头说："我小时候曾进去过几次，都只在洞口玩，因为大人不许我们往里走，怕走进去出不来。"

罗克沉思了一会儿，说："洞里情况本来就复杂，这两年小个子肯定对这个山洞进行了改造，洞里面恐怕要成为迷宫了。"

"迷宫是什么玩意儿？"米切尔不大了解迷宫。

"反正咱俩也不着急进洞，我简单给你介绍一下什么叫迷宫。"罗克把枪口指向洞口，防止小个子出来，然后向米切尔讲起了迷宫。他说："古希腊有一个动人的神话传说，古希腊克里特岛上的国王叫米诺斯，不知怎么搞的；他的王后生下了一个半人半牛的怪物，起名叫米诺陶，王后为了保护这个怪物的安全，请古希腊最卓越的建筑师代达罗斯建造了一座宫殿。宫殿里有数以百计的狭窄、弯曲、幽深的道路，有高高矮矮的阶梯和许多小房间。不熟悉路径的人，一走进宫殿就会迷失方向，别想走出来。后来就把这种建筑叫作迷宫。"

米切尔听上了瘾，忙问：“迷宫怎么能保护怪物米诺陶呢？”

罗克说：“怪物米诺陶是靠吃人为生的，它吃掉所有在迷宫走迷路的人。

这还不算，米诺斯国王还强迫雅典人每9年进贡7个童男和7个童女，供米诺陶吞食。米诺陶成了雅典人民的一大灾难。”

“那后来呢？”

“当米诺斯国王派使者第3次去雅典索取童男童女时，年轻的雅典王子提修斯决心为民除害，要杀死怪物米诺陶。提修斯自告奋勇充当1名童男，和其他13名童男童女一起去克里特岛。”

“提修斯真是好样的！”

“当提修斯一行被带去见国王米诺斯时，公主阿里阿德尼为提修斯这种勇敢精神所感动，要帮助王子除掉米诺陶。”

米切尔十分激动地说：“一定是公主陪同王子一起进了迷宫。”

“不是。”罗克说，“公主偷偷送给提修斯一个线团，让王子到迷宫入口处时把线团的一端拴在门口，然后放着线走进迷宫。公主还送提修斯一把魔剑，用来杀死米诺陶。提修斯带领13名童男童女勇敢地走进迷宫。他边走边放线边寻找，终于在迷宫深处找到了怪物米诺陶。经过一番激烈的搏斗，提修斯杀死了米诺陶，为民除了害。13名童男童女担心出不了迷宫，会困死在里面。提修斯带领他们顺着放出来的线，很容易地找到了人N，顺利地出了迷宫。”

“咱们俩也学习提修斯，弄一团线拴在洞口，然后进去捉拿小个子，你看怎么样？”

罗克笑了笑说：“这只是一个神话传说。咱们也不知道这个

山洞有多深，有多少岔路，带多大线团才够用？”

米切尔有点着急，他问：“那你说怎么办？”

罗克说：“其实走迷宫可以不带线团，你按下面的三条规则去走，就能够走得进，也能够走得出。第一条，进入迷宫后，可以任选一条道路往前走。第二条，如果遇到走不通的死胡同，就马上返回，并在该路口做个记号。第三条，如果遇到了岔路口，观察一下是否还有没有走过的通道。有，就任选一条通道往前走；没有，就顺着原路返回原来的岔路口，并做个记号。然后就重复第二条和第三条所说的走法，直到找到出口为止。如果要把迷宫所有地方都搜查到，还要加上一条，就是凡是没有做记号的通道都要走一遍。”

米切尔一拍大腿说：“好，就按你说的办法我们来走一走小个子的迷宫！”

“嘘！”罗克示意米切尔小点声，他说，“别叫小个子听见。”

两个人又小声商量了几句，一哈腰就都钻进了洞里。米切尔在前，罗克在后，两个人先走进最右边的岔路，没走多远碰了壁。两个人又原路折回，在岔路口靠右壁的地方，罗克放了一块石头。他们又走进相邻的一个岔路口，碰壁再折回，如此搜索下去。

米切尔有点着急，他小声对罗克说：“怎么回事？咱俩搜寻了这么半天，连个小个子的影子都没看见，莫非他们俩钻进地里不成！”

罗克安慰说：“不能着急。我们还没搜寻完哪！而且越走，遇到小个子的可能性也越大。”

“是吗？”米切尔不再说话，更加小心地往前搜寻。

忽然，他俩听到了黑铁塔瓮声瓮气的讲话。黑铁塔说："小个子，你也过于谨慎。咱们躲在这里，让罗克和米切尔找三天三夜也别想找到。你就把灯点上，黑灯瞎火的真叫人受不了。"

只见前面火光一闪，灯点亮了。借着亮光，罗克看见小个子趴在一张行军床上，手里拿着枪，枪口向外，准备随时扣动扳机。黑铁塔坐在另一张行军床上，在大口地吃什么。

小个子厉声说道："快把灯吹灭！罗克这小子非常不好对付，谁敢说他现在不在我们身边。"说着小个子从行军床上爬了起来，就要去吹灯，而黑铁塔护住灯，不叫小个子吹。趁两个人争执的机会，罗克小声说了一句："冲上去！"

"不许动！"罗克和米切尔的枪对准他们俩。

"啊！"黑铁塔惊叫了一声。

"噗！"小个子吹灭了灯。

"砰！"罗克开了一枪。

"哎哟！"是黑铁塔中了子弹。他像一头受了伤的野兽，在黑暗中乱踢乱打，罗克和米切尔一时还制伏不了他。米切尔下了一个脚绊，才把黑铁塔摔倒，把他压在地上。罗克把灯点亮，看到黑铁塔右臂受伤，而小个子早就逃得无影无踪了。

罗克问黑铁塔："小个子逃到哪儿去了？"

黑铁塔"嘿嘿"一阵冷笑说："小个子是只狐狸，他早拿着珍宝跑了，你们别想抓到他！"

开心科普

莱昂哈德·欧拉是瑞士数学家和物理学家，欧拉是第一个使用“函数”一词来表达各种参数表达式的人，例如 y=F（x），他也是最早将微积分应用到物理学当中的先驱者之一。

趣题探秘

（难度指数★★★）

如果一只蚂蚁想从一个正方体（如下图）的 A 点爬到 C 点，那么它最近的路线是怎么爬呢?

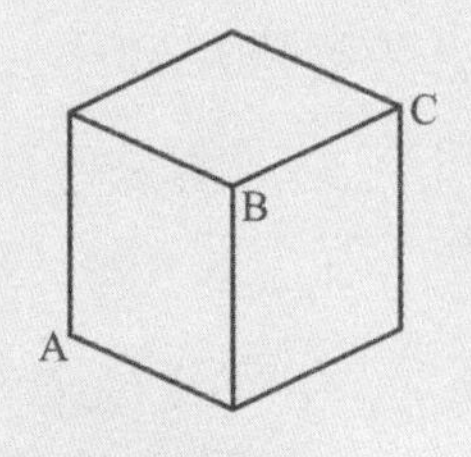

轻松一刻

（难度指数★）

1 元钱 1 瓶汽水，喝完后两个空瓶换 1 瓶汽水，问：你有 20 元钱，最多可以喝到几瓶汽水?

罗克和米切尔虽然抓住了黑铁塔，但小个子却拿着珍宝跑了。两个人押解着黑铁塔去见首领乌西。

不管你怎样审问，黑铁塔咬紧牙关一言不发。看来，想从黑铁塔嘴里掏出小个子的下落是不可能的。

怎么办?

乌西仍把捉拿小个子的任务交给了罗克和米切尔。罗克一想，这个任务难以推辞，也就痛快地答应了。

罗克和米切尔坐下来，认真研究如何抓住小个子。米切尔说："乌西已经下令全岛戒严，小个子想现在乘船逃走是不大可能啦。"

罗克点点头说："你分析得对。由于岛上洞多，小个子可能还藏在某个山洞中。"

米切尔皱起眉头说："岛上大大小小的山洞那么多，要确切知道小个子藏在哪个山洞里是十分困难的！"

"小个子总是要喝水的，他必须出来打水。要打水，就会暴露自己。"罗克对此充满信心。

米切尔站起来，倒背两手来回踱着步。他说："海岛这么大，小个子又晚上出来打水，不容易发现哪！"

"报告！"从门外跑进一名全副武装的士兵，他向罗克和米切尔报告说："我在天池值勤，看见小个子从狼牙洞出来，到天池里打了一壶水，一溜儿小跑跑进了野猪洞。"

"狼牙洞？野猪洞？这两个洞在哪儿？"罗克对这个消息十分感兴趣。

米切尔在地上画了个示意图说："A 就是狼牙洞，B 就是野猪洞，以 O 为圆心的圆就是天池。天池原来是个死火山口，后来有了水成了一个圆形的湖。"

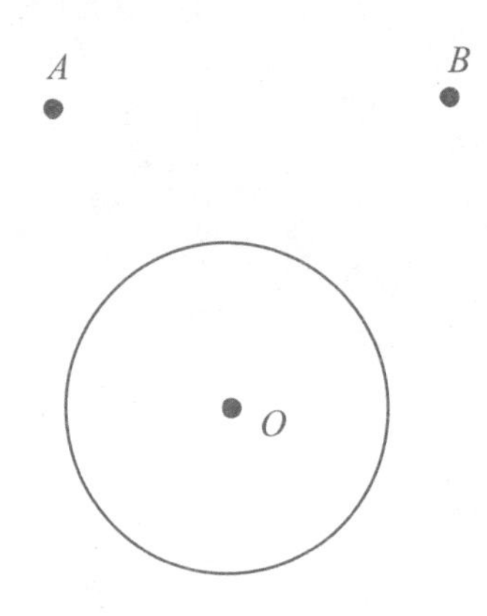

罗克说："咱俩去这两个洞搜查一下，怎么样？"

"不成，不成！"米切尔连连摇头说，"这两个洞的洞口都不止一个，是堵不住他的。"

罗克说："你有什么好办法？"

"好办法嘛……"米切尔拍了拍脑袋说，"唉，如果我们能准

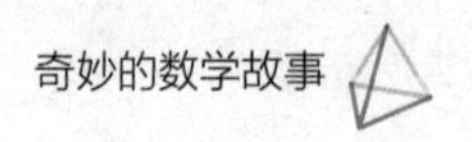

确地知道小个子打水的地点，就可以把小个子生擒活捉。”

“这个问题我能解决。”罗克这么快就表示能解决，使米切尔十分惊讶。

米切尔心想真不愧是小数学家呀！提出什么问题立刻就能解出来。

罗克要来全岛的地图，又要了一个量角器。他把半圆形量角器的圆心，放在天池的圆周上移动，移动到 P 点。罗克说：“找到了，小个子一定到 P 点附近去打水。”

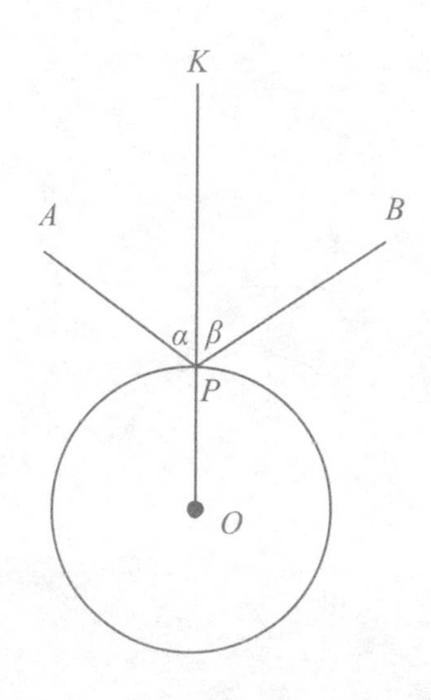

米切尔看罗克所做的一切就像变魔术一样，既感到迷惑，又感到有趣。

米切尔问：“你怎么用量角器在圆周上一转，就找到小个子的取水点？你怎么知道小个子一定到 P 点取水呢？”

“说来也真凑巧。小个子天池取水和数学上著名的‘古堡朝圣

问题’非常相似。我先给你讲一讲‘古堡朝圣问题’吧！”罗克开始讲了起来：

有这么个传说，从前有一个虔诚的信徒，他本身是集市上的一个小贩。他每天从家出来，先去圆形古堡朝拜阿波罗神像。古堡是座圣城，阿波罗神像供奉在古堡的圆心 O 点，而圆周上的点都是供信徒朝拜的顶礼点。

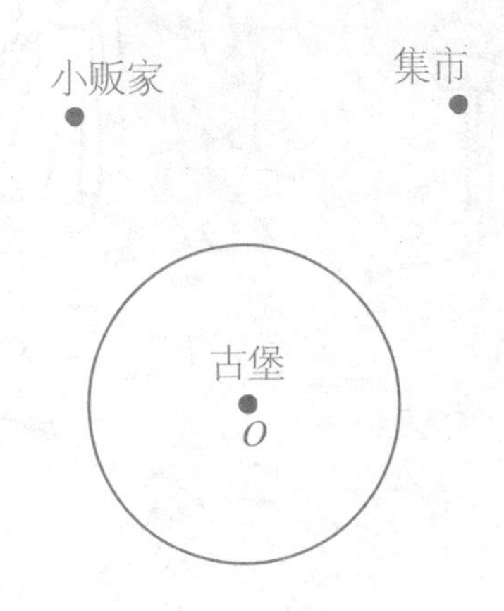

这个信徒想，我应该怎样选择顶礼点，才能使从家到顶礼点，然后再到集市的路程最短呢？他百思不得其解。于是他找到古堡里最有学问的祭司请教。据说祭司神通广大，他可以和阿波罗神“对话”。但是，祭司的回答使他失望。

祭司回答说：“善良的人哪，快停止无谓的空想吧！你提出的问题连万能的阿波罗神也无能为力。难道你还幻想解决这个问题？这个问题是永远解决不了的！”米切尔听到这儿，长叹了一口气说：“这么说，连太阳之

神——阿波罗都解决不了，别人就更没办法了。”

“嘻嘻！”罗克笑了起来。他说，“别听祭司瞎说，阿波罗神又不是数学家，他哪会解这类数学题。”

“嘘！不许说阿波罗神的坏话，我们神圣部族也是信奉阿波罗神的。”米切尔说完，双手合十，一副十分虔诚的样子，嘴里还咕咕唧唧地小声祷告着什么。

“哈哈！”罗克看到米切尔虔诚的样子，越发觉得可笑，笑着说，“其实这个问题，数学家已经解决了。”

“解决了？快说给我听听。”米切尔显得十分着急。罗克又画了个图，他指着图说："如果能在圆周上找到一点 P，过点 P 作圆 O 的切线 MN，使得 $\angle APK=\angle BPK$，即 $\angle\alpha=\angle\beta$。

小贩沿着 $A\to P\to B$ 的路线去走，距离最短，这一点可以证明。”

“能够证明？那你就给我证一下。否则，我不信！”米切尔使用了“激将法”。

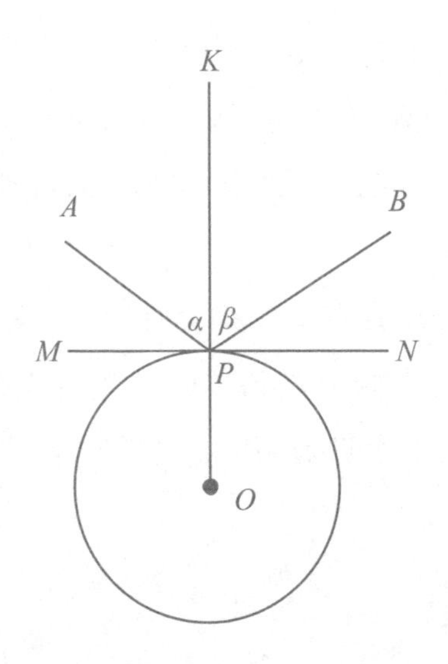

“米切尔，可真有你的！”罗克用力拍了米切尔肩膀一下，接着边画边讲，“我先要给你证明一个预备定理：一条河，河岸的同一侧住着一个小孩和他的外婆。小孩每天上学前要到河边提一桶水送给外婆。他想，到河边哪一点去取水，所走的路程最短？”

米切尔说：“这个问题和‘古堡朝圣问题’非常类似，不同的是，一个是圆形的水池，一个是直的河流。这个问题的结论又是什么？”

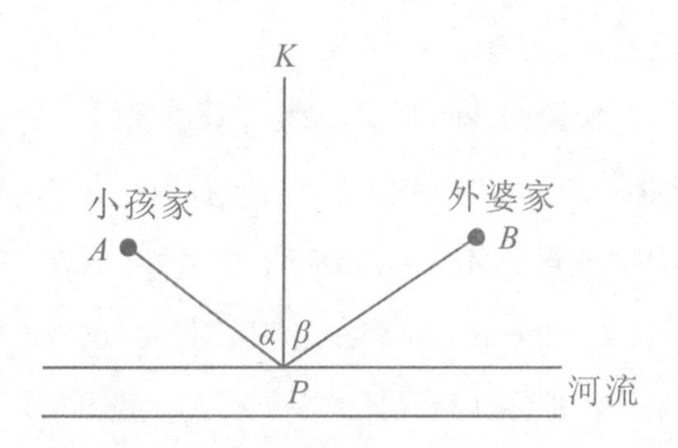

罗克指着图说：“如果能在河岸上找到一点 P，作 PK 垂直河岸，使得 $\angle APK=\angle BPK$，即 $\angle \alpha=\angle \beta$，$P$ 点就是要找的点。”

“嗯？结论和‘古堡朝圣问题’的结论也相同！怪事！”米切尔越琢磨越有趣。

“我就来证明 $AP+PB$ 是符合条件的最短路程。”罗克说，“我在河岸上，除 P 点外再随便选一点 P'，只要能证明 $AP'+P'B>AP+PB$，就说明 $AP+PB$ 是最短距离。

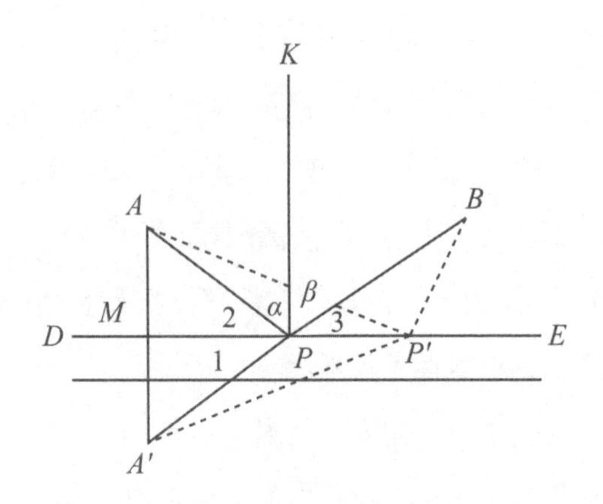

“连接AP'，BP'。作河岸DE的垂线AA'交DE于M，取$A'M=AM$，连接$A'P'$。”

“在$\triangle A'BP'$中，由于两边之和大于第三边，可知，$A'P'+P'B>A'B$。”

“由AA'的作法，可知$\triangle APA'$为等腰三角形，$AP=A'P$。同理，$A'P'=AP'$。而$A'B=A'P+PB=AP+PB$，所以有$AP'+P'B>AP+PB$，而且$\angle\alpha=\angle\beta$。”

“用类似证明方法，也可以在‘古堡朝圣问题’中证明$AP+PB$距离最短。”

“我基本上明白了。可是，小个子未必知道这件事，他会选择这条最短路径吗？”米切尔还是有点担心。

“你放心吧！”罗克安慰说，“小个子的数学相当不错，他不会不知道这个道理的。”

“既然这样，我倒有个捉拿小个子的好办法。”米切尔趴在罗克耳朵边嘀咕了好一阵子，罗克高兴地连连点头。两个人简单收拾了一下，悄悄向天池走去。

天还是那么黑，天池的周围非常安静。过了一会儿，从野猪洞里探出一个小脑袋，向左右望了望。见四周无人，他手提一把水壶快步跑到天池边弯腰打水。没错，他就是小个子。

当小个子刚把水壶放进水里，突然，从水中蹿出一个人来。此人喊了声："你下来吧！"就把小个子拉下了水。小个子不会游泳，急得大喊救命！水中的人把小个子灌了个半死拖上岸来。罗克在岸边拉出小个子，把他捆了起来。

水中的人爬上了岸，此人正是米切尔。

原来米切尔知道了小个子打水的大概地点，就事先藏在水里，等小个子弯腰打水时，把他拉下了水。

活捉了小个子，罗克和米切尔都十分高兴。

开心科普

欧几里得最著名的著作《几何原本》是欧洲数学的基础，提出了五大公设，发展为欧几里得几何，被广泛认为是世界上最成功的教科书。

趣题探秘

（难度指数★）

右图中有3条曲线，哪条曲线所在的圆形的半径最大?

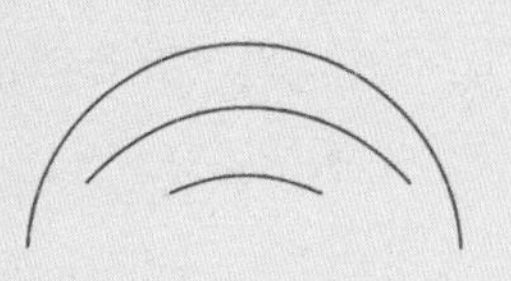

轻松一刻

（难度指数★）

放大镜能放大很多东西，但是有一样东西它却放大不了，是什么呢?

12 黑铁塔交出一张纸条

罗克和米切尔把小个子带到首领住的大屋子，乌西亲自审问小个子杰克。

小个子比黑铁塔还顽固，不管你怎样问，他只是“嘿嘿”地冷笑。

怎么办？小个子和黑铁塔谁也不张嘴。乌西命令士兵把小个子押下去，然后和白发老人、米切尔、罗克商量，怎么才能把小个子隐藏起来的珍宝找到。

罗克首先发言，他说：“相比之下，黑铁塔要比小个子好对付。我们要抓住黑铁塔这个薄弱环节作为突破口，进行攻心战。”

“罗克说得很对。”白发老人说，“黑铁塔虽说身高力大，可是心眼不多，一切全听小个子的摆布。如果他知道小个子也被捉住，顽固劲儿先少了一半。”

米切尔接着说：“小个子把珍宝藏在哪儿，黑铁塔不会一点儿不知道，咱们就从黑铁塔下手，诈他一下！”

乌西高兴地点了点头说：“好！咱们就这么办！你们同意不同

意？”罗克等三个人都点头表示同意。

乌西下令提审黑铁塔。刚开始，黑铁塔还是咬紧牙关，什么也不说。

乌西一拍桌子，喝道：“黑铁塔，你顽固到底只能罪上加罪，小个子杰克把一切都说了，你还等什么？”

“什么？小个子被你们捉到了？”黑铁塔故意把脑袋一歪说，“你们是白日做梦！那个猴精，你们别想抓住他。”

乌西冲外面喊了一声：“把小个子杰克带上来！”

两个士兵推推搡搡把小个子杰克推了进来。黑铁塔一看小个子真的被捉住了，就傻眼了，气也不那么壮了，脑袋也耷拉下来了。乌西又命令将小个子押走。

乌西用力一拍桌子，“啪”的一声，吓得黑铁塔一哆嗦。乌西说：“黑铁塔！你是想争取宽大处理呢，还是想走死路一条？”

黑铁塔“扑通”一声，跪倒在地。他一个劲儿地向乌西磕头，嘴里不停地说：“首领，饶命！我全说出来。小个子把珍宝藏在哪儿，我真的不知道。

他只给了我一张纸条，叫我好好收藏。小个子说，如果他发生了意外，让我把这张纸条交给来取珍宝的人。”说着黑铁塔从内衣的口袋里取出一个塑料袋，从塑料袋里掏出一张纸条，递给了乌西。

纸条上写着：

我把珍宝藏在百洞山40号开外的某号洞里。珍宝中金项链不止一条，金头饰也不止一个。如果把藏宝的山洞号、金

项链和金头饰条数之和、全部珍宝数相乘，乘积为32118。

乌西问："你真的不知道藏宝的山洞号？"

黑铁塔哀求说："我真的不知道。小个子对我也并不放心，他知道我算不出山洞的号，所以才给我纸条，叫我转交接宝人。"

乌西把纸条递给了罗克，说："看来，还要请你帮忙喽！请你给算出藏珍宝的山洞号数，共有多少珍宝？"

罗克笑了笑说："也亏得小个子想得出这样的题。"

米切尔对罗克说："你一边解一边讲，让我也学点数学。"

"可以。"罗克边写边说，"可以设金项链和金头饰条数之和为x，山洞号为y，珍宝总数为z。由于金项链不止一条、金头饰也不止一个，所以$x \geqslant 4$；

纸条上说山洞号40开外，而百洞山最大号数是79，因此$40<y \leqslant 79$；

这样可以得出一个条件方程：

$$\begin{cases} xyz=32118, \\ x \geqslant 4, \\ 40<y \leqslant 79。\end{cases}$$

第一步，列方程做完了。"

米切尔摇摇头说："有等式又有不等式，这样的问题我过去从未见到过。"

罗克说："解这类问题可以先把32118分解成质因数的连乘积，然后再根据不等式所给的条件逐一分析，最后确定出答案。

32118 有 2、3、53、101 四个质因数，即：

$$32118=2\times3\times53\times101,$$

在乘积不变的前提下，4个质因数可以搭配成6种形式：

$$2\times3\times5353,\ 2\times159\times101$$

$$2\times53\times303,\ 3\times53\times202$$

$$3\times106\times101,\ 6\times53\times101$$

由于x、y、z都不能小于4，所以前5组分解都不符合要求，唯一可能的是第6组。因此，金项链和金头饰一共有6件，珍宝藏在53号山洞中，珍宝总数为101件。”

乌西双手一拍，高兴地说：“太好啦！通过算这道题，一切全知道了。”

乌西立刻命令士兵去百洞山的第 53 号山洞去取，士兵跑进 53 号洞，发现地上挖了一个大坑，小个子埋藏的珍宝已经被人取走。

乌西听到这个消息，又两眼发直了。

开心科普

16 世纪中叶，意大利物理学家伽利略从教堂的吊灯中受到启示，发明了摆钟，从此钟表就诞生了。不过，当时的钟表非常简陋，只有一根指示小时的时针，到了 18 世纪才出现了分针，而秒针则是到了 19 世纪才出现。

趣题探秘

（难度指数★★）

将军要把 84 名士兵分成人数相等的小组（每组最少 2 人）外出巡逻，一共有几种分法?

轻松一刻

（难度指数★）

什么东西倒立后会增加一半?

这批珍宝让谁取走了呢？乌西想起了黑铁塔曾招认有一个身份不明的取宝人。看来，珍宝已被取宝人取走了。

米切尔提议，再一次提审黑铁塔，让他详细谈谈有关取宝人的情况。乌西点点头，立即提审黑铁塔。

黑铁塔见事已至此，也就一切照实说了。他说：“小个子对我说，当有一个人左手拿着一枝杏黄色的月季花，问我‘麦克罗好吗’？我就把纸条交给他。”

当乌西进一步追问这个人是男是女，长得什么样？是不是神圣部族的人等问题时，黑铁塔一个劲儿地摇脑袋，表示不知道。看来，关于取宝人的具体情况，小个子什么也没告诉他。

米切尔又建议提审小个子杰克。罗克摇头说：“提审小个子不会有什么结果的，小个子态度十分顽固。”

怎么办？几个人眉头紧皱，想不出什么好办法。

忽然，罗克提了一个问题，说：“大家分析一下，这个取宝人可能是神圣部族的人呢，还是外来人？”

大家经过多方面分析，认为是外来人的可能性大。

罗克说："既然取宝人是外来人，这个人究竟是谁，恐怕连小个子本人也不知道。"大家觉得罗克说得有理。

罗克接着说："既然是外来人，我也是外来人，我来装扮取宝人，直接和小个子联系，你们看怎么样？"

乌西笑着说："小数学家，你怎么聪明一世，糊涂一时呢？珍宝已经被人取走了，你还去取什么？"

"不，不，你们上了小个子的当了。"罗克分析说，"我们一直在追踪着小个子，他根本没时间和取宝人取得联系，而且我们也没有发现小个子和别人接触。因此，我认为小个子在 53 号山洞成心挖了一个坑，给人以珍宝被取走的假象，而珍宝埋藏的真正地点，我们可能还是不知道。"

罗克的一番话说得大家一个劲儿地点头。但是，对于罗克要假扮取宝人与小个子取得联系，白发老人表示反对。

白发老人说："小个子心狠手辣，如果让他识破了你是假扮取宝人，你的处境就十分危险啦！"

罗克笑了笑说："中国有句成语：'不入虎穴，焉得虎子'。近一段来岛旅游的外国人一个也没有，我是从空中掉下来的唯一外国人。请相信我能够成功的。"

对罗克提出的方案，乌西拿不定主意，米切尔也表示担心，白发老人根本就不同意。但是，罗克决心已定，坚持要试验一下。罗克又把他设想的如何与小个子接头详细说了一遍。

最后乌西同意了罗克的方案，并布置如何保护罗克的安全。这样从小个子手中夺回珍宝的计划开始了。

小个子杰克躺在牢房的一张藤床上，所谓牢房无非是一间结实的小木屋。

月光透过窗户照在他瘦小的脸上。他毫无倦意，一双老鼠眼贼溜溜地乱转，他在琢磨自己怎么会被他们捉住？下一步又该怎么办？

窗外有规律的脚步声，是看守的士兵在来回走动。小个子杰克翻了一个身,也想不出如何能逃出去。突然,他听到沉重的“咕咚”一声，像是什么东西倒在了地上。小个子赶紧坐了起来，走到窗前往外一看，外面静悄悄的，只是看守他的士兵不见了。正当小个子感到莫名其妙的时候，“咔嗒”一声，门锁打开了。一个蒙面人闪了进来，他用纯正的英语对小个子说：“快跟我走！”此时小个子也来不及考虑这个人到底是谁，跟着他溜出了小木屋，直奔百洞山跑去。

一阵低头猛跑，累得小个子一个劲儿地喘气。到了一棵树下，蒙面人停住了脚步，小个子靠在大树上边喘气边说：“你怎么跑得这么快？我真跟不上你。”

蒙面人说：“不跑快点，叫他们发现可就坏了。”

小个子说：“我听你的声音怎么有点耳熟，你摘下面罩，我看看你是谁。”

蒙面人一伸手，“刷”的一声把面罩摘了下来。小个子定睛一看，惊得魂飞天外，这不是自己的死对头罗克吗？

小个子后退一步，两眼直盯着罗克问：“你来救我？你想要什么花招？”

罗克也不搭话，从口袋里取出一个塑料袋，从袋里抽出一枝

杏黄色的月季花。罗克左手拿花，一本正经地问道："麦克罗好吗？"罗克这一举动,大出小个子意料之外,小个子结结巴巴地说："这……到底是怎么回事？"

罗克说："你先不要问怎么回事，你快回答我的问话！"

"这……"小个子一时语塞。他眼珠一转说，"噢，你问麦克罗呀！他早就不在人世了，不过他留下的东西还原封不动地保留着哪！"

罗克说："我就是来取东西的，快把东西交给我！"

"交给你？"小个子"嘿嘿"一阵冷笑说，"你别想来骗我！我藏的珍宝你们找不到，想出个骗我的高招，你也不睁眼看看，我小个子杰克是那么好骗的吗？"

开心科普

我们在生活中经常使用半斤八两这个词汇。它的来历是这样，在我国古代一斤为十六两，八两刚好是半斤。半斤与八两二者轻重相等，比喻彼此不相上下，实力相当。一斤为十六两在我国长达 2000 多年的封建社会一直沿用，直到中华人民共和国成立后，由于十六两制在计算的时候有些不方便，才改成现在的一斤等于十两。

趣题探秘

（难度指数★★）

1. 在下面的方格中，每组格子的第一个数字与第二个数字存在特定的关系，这 4 组格子里的数字的关系都是一样的。那么，第四组格子里缺失的数字是什么呢？

1	0

4	63

9	728

-1	?

（难度指数★★★）

2. 推算下列等式，算出 G 的值是多少？

A+B=Y

Y+P=T

T+A=G

B+P+G=30

A=8

扫一扫看金牌教师视频讲解

头脑风暴

（难度指数★★★）

假如把下面数列所省略的数字全算上，这个数列一共有多少个数字呢？

0、4、8、12、16、20、…、1120

扫一扫看金牌教师视频讲解

小个子根本就不相信罗克会是L珠宝公司派来的接宝人。

罗克向小个子分析了以下几点：

“第一，我是近期来岛唯一的外国人，我来后就积极参与挖掘珍宝的工作。

“中国有句俗话叫作“不打不成交”，通过和你的斗争，才确认你是真正的交宝人。

“第二，我的出现不能引起神圣部族的怀疑，所以L珠宝公司制造了飞机遇难事件，使我从天而降。

“第三，L珠宝公司深知你精通数学，和你联系的方法也是解算数学问题，所以，才派了我这个‘小数学家’来和你联系。

“以上三点，你还有什么怀疑的？”

通过罗克的分析，再回想罗克来岛后的表现，小个子点了点头，觉得罗克分析得有道理。

小个子按照和L珠宝公司事先达成的协议，开始考罗克了。

小个子说：“前面小岛上我们设了一个关卡，用来检查驶进驶

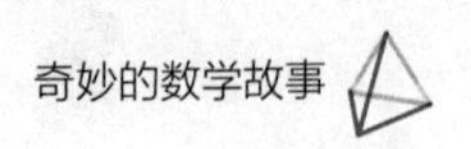

出本岛的船只。关卡修成正方形的,每边都站有 7 名士兵。有一天，关卡来了 8 名新兵，非要上关卡与老兵共同站岗。可是，我们神圣部族规定，关卡每边只能有 7 名士兵站岗，你说这事怎么办？”

罗克立刻说：“这事好办极了。按原来站法是每个角上站 3 名士兵，每边中间站 1 名士兵；加上 8 个士兵后，让每个角上站 1 名士兵，每边中间站 5 名士兵就成了。”说完罗克画了两个图。

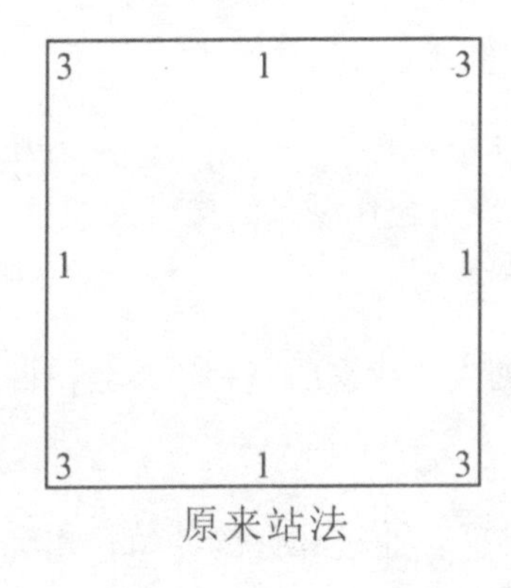

原来站法

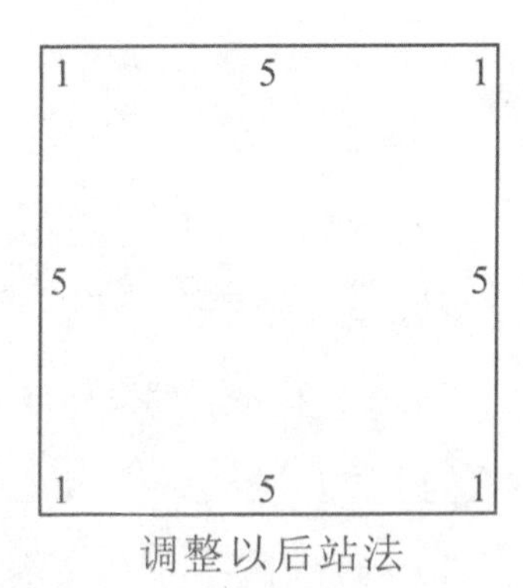

调整以后站法

小个子数了数说：“嗯，每边都是 7 名士兵。原来关卡上有 16 名士兵，后来有 24 名士兵，正好多出 8 名士兵，一点也不错。”

小个子好奇地问：“你怎么算得这么快？”

罗克笑了笑说：“你提这个问题太简单了。我来给你讲一个中国的方城站岗问题，可比你提的问题难多啦！”

也不看看现在是什么时候，罗克却蛮有兴致地讲起了故事。说来也怪，小个子一听说讲故事，也乖乖地站在那儿听。

罗克说：“我们中国有一句成语叫作‘一枕黄粱’。讲的是一个穷书生卢生，在一家小店借了道士的一个枕头。当店家煮黄粱

米时，他枕着枕头睡着了。梦中，他做了大官，可是一觉醒来，自己还是一贫如洗，锅里的黄粱米还没煮熟呢。”

小个子点了点头说：“‘一枕黄粱’这句成语我看到过，这与我出的题目有什么关系？”

“你别着急呀！”罗克慢条斯理地说，“传说，这个做黄粱梦的卢生后来真的做了大官。一次番邦入侵，皇帝派他去镇守边关。卢生接连吃败仗，最后退守一座小城。敌人把小城围了个水泄不通。卢生清点了一下自己的部下，仅剩 55 人，这可怎么办？卢生左思右想，琢磨出一个退兵之计。他召来 55 名士兵，面授机宜。晚上，小城的城楼上突然灯火通明，士兵举着灯笼、火把在城上来来往往。番邦探子赶忙报告主帅，敌帅亲临城下观看，发现东、西、南、北四面城上都站有士兵。虽然各箭楼上士兵人数各不相同，但是每个方向上士兵总数都是 18 人。排法是这样。”罗克画了一个图（1）：

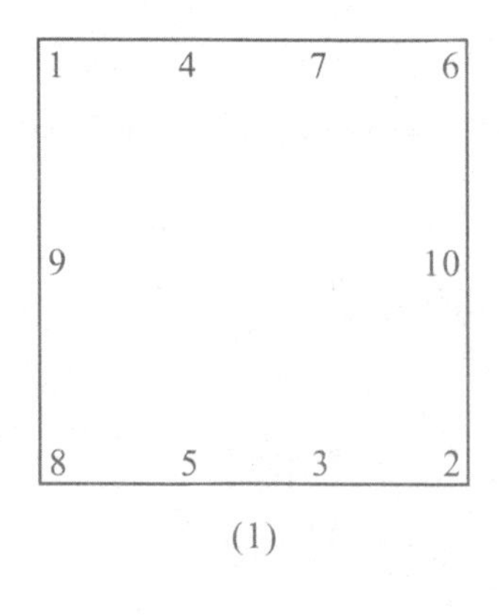

(1)

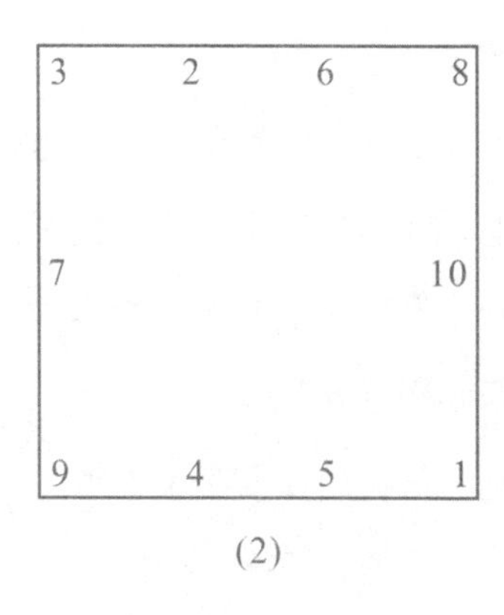

(2)

小个子数了一遍说：“好，每边 18 人，总数 55 人。”

罗克接着说："敌帅正弄不清卢生摆的什么阵式，忽然守城的士兵又换了阵式。并没有看见城上增加新的士兵，可是每个方向的士兵却变成了 19 人。"罗克又画了一个图（2）。

小个子又数了一遍说："总数仍为 55 人，每边果真变成了 19 人。"

罗克讲得来了劲，连比带画说："敌帅想，这是怎么回事？他百思不得其解。正当敌帅惊诧之际，城上每边的人数从 19 人又变成 20 人，从 20 人又变成 22 人。"罗克这次画了图（3）和图（4）。

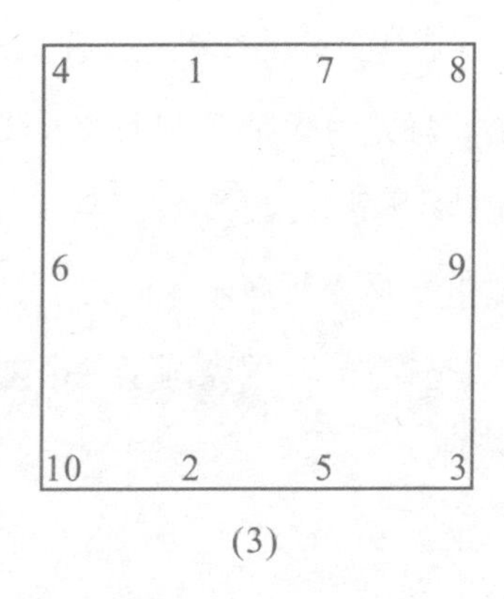

(3)

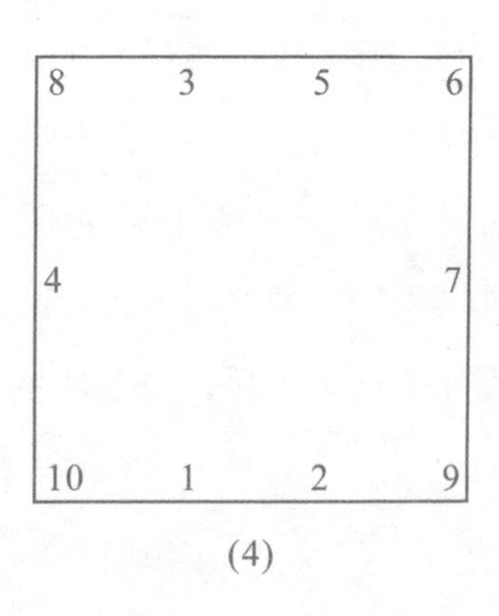

(4)

罗克紧接着说："城上的士兵不停地改变着阵式，每个方向上士兵数忽多忽少，变幻莫测，一夜之间竟摆出了 10 种阵式，把敌帅看傻了！他弄不清这究竟是怎么回事，认为卢生会施法术，没等天亮急令退兵。"

"高，高！"小个子竖起大拇指说，"中国人真聪明！"

小个子眼珠一转说："按照我和 L 珠宝公司达成的协议，对暗号要做出三道题才行。"

罗克点了一下头，说："好，你快出第二道题吧！"

小个子眼珠转了两圈，阴笑着说 :“这道题可难哪，你可要好好听着 : 现在有 9 个人，每个人都有一支红蓝双色圆珠笔。请每个人用双色圆珠笔写 A、B、C 三个字母，字母用哪种颜色的笔去写不管，但是每个字母必须用同一种颜色写。你要给我证明 : 至少有两个人写出的字母颜色完全相同。”

“噢，你出了一道证明题。这可要难多了！”罗克笑着眨了眨眼睛说，“不过，这也难不倒我。我用数字 0 代表红色字，用数字 1 代表蓝色字，那么用红蓝两种颜色写 A、B、C 三个字母，只有如下 8 种可能。”罗克写出 :

0、0、0，即红、红、红 ;

1、0、0，即蓝、红、红 ;

0、1、0，即红、蓝、红 ;

0、0、1，即红、红、蓝 ;

1、1、0，即蓝、蓝、红 ;

1、0、1，即蓝、红、蓝 ;

0、1、1，即红、蓝、蓝 ;

1、1、1，即蓝、蓝、蓝。

小个子仔细看了一遍说 :“没错，只有这 8 种可能。”

罗克说 :“现在有 9 个人写 A、B、C。那么，第 9 个人写出 A、B、C 颜色的顺序，必然和前 8 种中的某一种是相同的，因此也就证明了至少有两个人写出字母的颜色完全相同。对不对？”

“对，对。”小个子一个劲儿地点头。

罗克催促说："快把第三道题说出来，我赶紧给你解出来，以免耽误时间。"

小个子摆摆手说："算啦，算啦！我说出来第三道题也难不住你。你快交给我 200 万英镑的酬金，我把珍宝立即交给你。"

罗克想了想说："好吧，你跟我走！"

开心科普

温州是名副其实的“数学家之乡”，近百年来，在数学方面的浙江温州籍学者、教授至少有 200 人。其中曾担任过著名大学数学系主任或数学研究所所长职务的达 30 多人。苏步青、谷超豪、姜立夫、徐贤修、柯召、姜伯驹、李邦河、杨忠道、项武忠这些著名的数学家，都来自温州。

趣题探秘

（难度指数★★）

下面的数字有一个共同的特点，你知道是什么特点吗？

9006、1881、1691、6889、8968

轻松一刻

（难度指数★）

有三个鸡蛋，要放在两只盘子里，一只盘子必须放一个，该怎么放呢？

小个子跟着罗克直向海边跑去，跑到一半，罗克突然停了下来。

小个子问："怎么不走啦？"

罗克说："咱们要一手交钱一手交货。钱在小船上，货呢？"

"我不会骗你的！"小个子着急地说，"你让我看看确实有200万英镑，我立即领你去拿珍宝。"

罗克犹豫了一下说："好吧，我先让你看看这200万英镑。跟我来！"

罗克一哈腰直奔海边跑去，他俩躲在一块岩石后面。罗克掏出手电，向海面发出信号，没过多久，海面上也亮起手电光。不一会儿，海面上出现了一条小木船，有一个人划着桨向海边驶来。

木船一靠岸，从船上跳下一个蒙面人，此人右手拿着手枪，左手拿着手电筒。蒙面人小声问道："我从来都是说谎的。请回答，我这句话是真话还是谎话？"

罗克用手捅了一下小个子问："应该怎样回答？"

小个子摇摇头说："不知道。"

罗克把双手做成喇叭状向对方回答说：“你说的肯定是谎话！”

对方又问：“为什么是谎话？”

罗克回答：“如果你永远说真话，那么你说‘我从来都是说谎的’是句真话，而永远说谎话的人怎么能说出真话呢？显然这种情况不会出现。我可以肯定你必然是有时说真话，有时说谎话，因此‘我从来都是说谎话’必然是句谎话。”

对方回答说：“分析得完全正确，请过来看货。”

罗克对小个子说：“你等一下。”然后和蒙面人跳上了小船，从船上抬下一个大箱子，把箱子打开露出一道缝，小个子用手电往里一照，箱子里一捆一捆，全是英镑。小个子眼睛乐得眯成了一条缝，刚要伸手去拿，蒙面人一下子把箱子盖上了。

罗克说：“200 万英镑你已经看见了，快领我去取珍宝吧！”

“好吧，跟我走！”小个子亲眼见到了钱，也就痛快地答应去取珍宝。

小个子朝着百洞山方向跑去，跑到 79 号洞，小个子停住了，回头对罗克说：“你在这儿先等一会儿，我进去取珍宝。”

罗克摇摇头说：“不成！你已经亲眼看到钱了，我要亲眼看到你取货。”

小个子略微想了一下说：“好吧！不过你要跟住我。”

小个子进了 79 号洞，也不用手电照路，在伸手不见五指的洞里左边拐、右边拐。罗克打着手电在后面根本就跟不上，没过多会儿，小个子就不见了。

不管罗克怎么喊，小个子也没有回音。罗克心想，坏了，上了小个子当啦！

罗克赶紧顺原路返回，跑到海边一看，米切尔被捆在一棵椰子树上，树旁扔着米切尔刚才戴着的面具套。罗克再往海上看，只见小个子正划着那条小船向深海驶去。

小个子冲着罗克哈哈大笑，说："小罗克呀，小罗克，你想在我的面前耍花招，你这是'班门弄斧'啊！你小子知道吗？79号洞有好多个洞口，我一拐弯儿，你就找不到我了，我拿了珍宝，早从另一个洞口出来了。现在我200万英镑到手了，珍宝也没叫你们弄走，这叫'一举两得'。哈哈……"小个子越说越得意。

罗克给米切尔解开绳子，笑着说："成，你扮演的角色很成功！"

米切尔用力拍了罗克肩膀一下说："你演得也不错嘛！"两人相视哈哈大笑。

小个子用力划着船向深海疾驶。突然，一声呼哨，十几条快船从海中一块大礁石后面闪现出来，呈半圆状向小个子的小船包围过来，快船就像在水面上飞行一样，刹那间就把小船围在中央。

首领乌西站在一条快船的船头，手指小个子大喝道："杰克，还不赶快投降！"

小个子仰天长叹一声说："唉！最后还是我上当啦！"说完抱起装珍宝的箱子，就要往水中跳，两名士兵立刻把小个子按倒在船上，用绳子把双手捆住。

乌西带领船队靠了岸，抬下珍宝箱和装英镑的箱子。乌西命令打开装珍宝的箱子，经清点，101件珍宝一件不少。乌西又命令士兵打开装英镑的箱子，他信手拿出一捆英镑，抽去第一张真英镑，里面全都是废纸剪成的假英镑。小个子看罢，又连呼上当！

乌西问："杰克，你是否承认彻底失败了？"

"哼！"杰克鼻子里哼了一声说，"你们不要高兴得过早，珍宝究竟归谁，还要拭目以待！"

开心科普

秦汉是中国封建社会的上升时期，经济和文化均得到迅速发展。中国古代数学体系也是形成于这个时期，其主要标志是算术已经成为一个专门的学科，以及以《九章算术》为代表的数学著作的出现。

趣题探秘

（难度指数★★）

字母“F”后面缺失的数字是多少?

Q7、G4、M6、X9、F？

头脑风暴

（难度指数★★）

有两个摔跤手，小个子选手是一名业余选手，他是大个子职业摔跤手的儿子，但是这个职业摔跤手却不是业余选手的父亲，那么请问，职业摔跤手是谁呢?

16 海外部经理罗伯特

也不知怎么回事，这两天许多外国旅游者接连来到岛上。他们被岛上美丽的风光所吸引，在岛上到处跑。罗克得知其中有一艘豪华旅游船将开往美国，非常高兴，想搭乘这艘船去美国参赛。乌西亲自和船长联系，船长同意了，乌西给罗克买了船票，船明天早晨出发。

为了感谢罗克在寻找珍宝中做出的巨大贡献，乌西给罗克举行了盛大的宴会。神圣部族所有头面人物都出席了宴会,美酒佳肴，欢歌笑语，好不热闹。神圣部族的成员本来酒量就大，再加上百年珍宝出土，宴会上大家大碗大碗地喝酒。没等宴会散去，一个个已酩酊大醉，东倒西歪，语言不清了。

罗克是滴酒不沾的。他吃了一点菜就悄悄离开了宴会厅，准备回到住所整理一下行装。海岛的夜色特别美好，一轮圆月高挂天空，月光给远处的沙滩涂上了一层白银，海浪声和风吹椰树的沙沙声汇成了一首十分悦耳的乐曲，罗克陶醉了。

突然，一个口袋把罗克的脑袋套住了，然后被人背在身上。

尽管罗克拼命挣扎，无奈脑袋被口袋罩住叫不出声来，被人家背走啦！

走了大约有 10 分钟的时间，罗克被放到了地上。摘下口袋，罗克用手揉了揉眼睛定睛一看，这不是望海石吗？一块酷似人头像的黑色大石头，面向着海洋。他再向左右一看，两边各站着一个膀大腰圆的青年人，还有一个是年龄有 50 岁左右的中年男子，正全神贯注地看着他。这个中年人衣着十分考究，留着八字胡，系着一根黑白条纹领带，嘴里叼着一支烟斗。显然，这三个陌生人都是来岛的外国旅游者。

中年人嘴边挂着得意的微笑，围着罗克慢慢地踱着步子，一边说："我们 E 国 L 珠宝公司，盯着神圣部族的老首领麦克罗埋藏的珍宝，已有一个世纪了。前些日子小个子杰克给我们发来了情报，说一名叫罗克的中国学生，帮助他们找到了这批珍宝。杰克又给我们发来情报说，他已经把珍宝弄到了手，让我们赶紧派人来接这批珍宝。可是，紧接着杰克第三次送来情报，询问你这个罗克，是不是 L 珠宝公司派来取珍宝的人？说你已经答对了规定暗号的前两道题。我一想，不好，出事啦！我这次只好亲自出马喽。"

罗克问："你是谁？"

旁边的一个青年说："这是我们 L 珠宝公司海外部经理罗伯特先生。"

罗伯特点了点头说："是的。E 国本土以外的珍宝和古董的买卖、特工人员的派遣，全部由我负责。我从来没有派遣你罗克来取珍宝呀！"

罗克把头一扭，“哼”了一声。

罗伯特笑了笑说：“幸好，小个子杰克留了个心眼，没有把三道题目都对你讲，只讲了两道。其实，把第三道题告诉你，你也答不出来。”

罗克摇了摇脑袋说：“我不信！”

“不信你就听着，”罗伯特说，“威力无比的太阳神阿波罗，要经常巡视他管辖的三个星球。他巡视的路线是从他的宫殿出发，到达第一个星球视察后，回到自己的宫殿休息一下；再去第二个星球视察后，又回到自己的宫殿休息；最后去第三个星球视察后，再回到宫殿。一天，阿波罗心血来潮，想把自己的宫殿搬到一个合适的位置，使自己巡视三个星球时，所走的路程最短。你说，阿波罗选择什么地方建宫殿最合适？”

罗克把眼一瞪说：“你没有告诉我这三个星球的位置，我怎么解呀？”

“随便找三个点就行。”罗伯特随手在地上画了三个点。

罗克稍微想了一下说：“我把这三个星球分别叫作 A、B、C 点，连接这三点构成一个三角形。这样一来，问题转化为一个数学问题了：求一点 O，使得 $OA+OB+OC$ 最小。”

罗伯特点了点头说：“不愧人家称你为小数学家，果然名不虚传。”

罗克连说带画，他说：“以 $\triangle ABC$ 的三边为边，依次向外作三个等边三角形：$\triangle ABC'$，$\triangle BCA'$，$\triangle ACB'$。连接 CC' 和 BB'，两条线交于 O，则 O 就是阿波罗建宫殿的位置。”

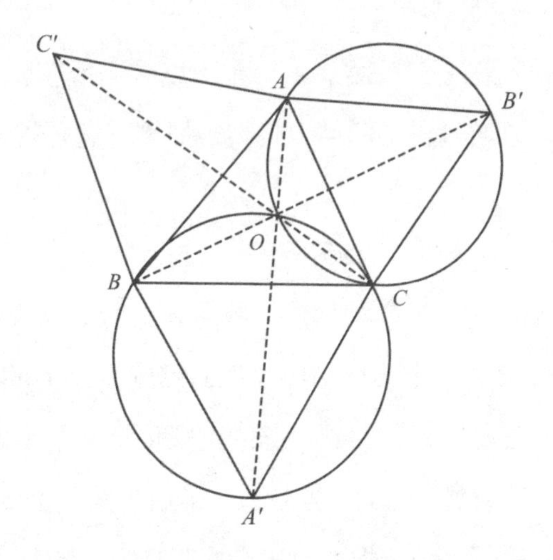

罗伯特吸了一口烟，又缓缓吐了出来。他不慌不忙地问："什么道理？"

"道理嘛，可就要难一点。"罗克眨巴着大眼睛问，"你不怕证明过程比较长吗？"

罗伯特笑了笑说："不怕，难题证起来自然要点力气喽！"

"不怕就好。"罗克说，"这个问题要分两部分证明。你看这个图，我连接 OA，先来证明 A、O、A' 三点共线。"

罗克向旁边的青年要了一张纸、一支笔，开始写第一部分证明：

由于你画的三角形每个角都小于 120°，所以 O 点必在 $\triangle ABC$ 的内部。

在 $\triangle ABB'$ 和 $\triangle AC'C$ 中，

$\because$ $AB'=AC$，$AB=AC'$（等边三角形两边相等），

又 $\because$ $\angle BAB'=\angle BAC+\angle CAB'$

$= \angle BAC + \angle C'AB = \angle C'AC$，

$\therefore \quad \triangle ABB' \cong \triangle AC'C$（边，角，边）。

由于全等三角形的对应高相等，所以 A 点到 OB'、OC' 的距离相等，A 点必在 $\angle B'OC'$ 的角平分线上。

$\because \quad \angle AB'B = \angle ACC'$（全等三角形中对应角相等），

$\therefore \quad B'$、C 点必在以 AO 为弦的圆弧上，也就是 A、O、C、B' 四点共圆。

$\because \quad \angle COB' = \angle CAB' = 60°$（圆弧上的圆周角相等），

$\therefore \quad \angle BOC = 180° - 60° = 120°$。

而 $\angle BA'C = 60°$，

因此 A'、B、O、C 一定共圆。

$\because \quad A'B = A'C$，

$\therefore \quad \overset{\frown}{A'B} = \overset{\frown}{A'C}$（同圆中等弦对等弧），

$\angle A'OB = \angle A'OC$（同圆中等弧上的圆周角相等），

$\therefore$ OA' 为 $\angle BOC$ 的角平分线。

又 $\because \quad \angle BOC$ 与 $\angle B'OC'$ 为对顶角，

$\therefore \quad A$、O、A' 三点共线。也就是说 AA'、BB'、CC' 三线共点。

罗克抬起头来问罗伯特：“你看懂了吗？”

“哈、哈，”罗伯特大笑了两声说，“我是大学数学系毕业，能连这么个简单的证明都看不懂？笑话！”

“嗯？”罗克好奇地问，“你是学数学的，怎么干起偷盗人家国宝的缺德事？”

罗伯特磕掉烟斗里的烟灰说：“不干缺德事挣不了大钱呀！数

学再美好，也变不成金钱呀！”

“哼,学数学的也出了你这么个败类！”罗克狠狠瞪了罗伯特一眼。

罗伯特摆摆手说：“废话少说，你快把第二部分给我证出来！”

罗克连话也没说，就低头写了起来：

∵　前面已证明 O、C、B'、A 四点共圆，

又　$\angle AB'C=60°$，

∴　$\angle AOC=120°$。

同理可证 $\angle BOC=\angle BOA=120°$。

如下图，过 A、B、C 分别作 OA、OB、OC 的垂线，两两相交构成新的三角形 DEF。

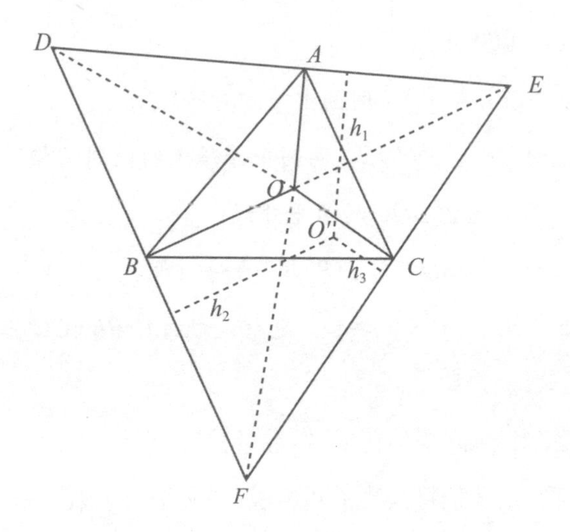

∵　$\angle AOB=\angle BOC=\angle AOC=120°$，

∴　$\angle D=\angle E=\angle F=60°$，

即 $\triangle DEF$ 为等边三角形。

设等边三角形 DEF 的边长为 a，高为 h，

$\because \quad S_{\triangle DEF}=\frac{1}{2}ah$，

又$\because \quad S_{\triangle DEF}=S_{\triangle DOE}+S_{\triangle EOF}+S_{\triangle FOD}$

$=\frac{1}{2}a(OA+OB+OC)$，

$\therefore \quad OA+OB+OC=h$。　　（1）

任取异于 O 的点 O'，由于 O' 点的位置不同，可分 O' 点在△ DEF 的内部、边上、外部三种情况进行讨论。

我们先讨论 O' 在△ DEF 的内部。

可由 O' 点向△ DEF 三边分别引垂线 h_1、h_2、h_3，再连接 $O'A$、$O'B$、$O'C$。

$\because$　斜线大于垂线，

$\therefore \quad O'A \geqslant h_1$，$O'B \geqslant h_2$，$O'C \geqslant h_3$。　　（2）

$\because \quad S_{\triangle DEF}=S_{\triangle DO'E}+S_{\triangle DO'F}+S_{\triangle EO'F}$，

而 $S_{\triangle DEF}=\frac{1}{2}ah$，

又$\because \quad S_{\triangle DO'E}+S_{\triangle DO'F}+S_{\triangle EO'F}=\frac{1}{2}a(h_1+h_2+h_3)$，

$\therefore \frac{1}{2}ah=\frac{1}{2}a(h_1+h_2+h_3)$，

$h=h_1+h_2+h_3$。　　（3）

由（1）、（2）、（3）式可得

$O'A+O'B+O'C \geqslant h_1+h_2+h_3=h=OA+OB+OC$，这就证明了 O 点到 A、B、C 三点距离之和最短。

类似的方法可证明 O' 在△ DEF 上及△ DEF 外的情况。

罗克把证明结果往罗伯特面前一推说："第二部分证完了，你自己去看吧！”

罗伯特把证明仔细看了两遍，点了点头说：“不愧是数学天才，这么难的历史名题被你轻易证出来了。”

罗克说：“题目我也给你做出来了，是不是该放我走了。我明天要乘船去华盛顿，今天要收拾一下行装。”

“去华盛顿，那太容易了。港口停泊的那艘豪华游船就是我们L珠宝公司的，可以随时为你服务。不过……”罗伯特讲到这儿突然又把话停住了。

“不过什么，你有什么话痛痛快快地说出来，不用装腔作势！”罗克一点儿也不客气。

“好！既然你喜欢痛快，那我就直说了吧！”罗伯特猛地吸了一口烟，说，“我们L珠宝公司盯住神圣部族的这份珍宝已有很长时间了，今日一旦被发掘出来，怎么会轻易放手呢？我们想请你帮帮忙，把这批珍宝给我们弄到手！”

罗克摇摇头说：“我怎么能帮这个忙？对不起，我帮不了你们的忙。”

罗伯特摆摆手说：“不要把话说绝了！你如能帮我们把珍宝弄到手，原来答应给小个子杰克的200万英镑给你。你知道200万英镑有多少？它可以买一座城市！”

罗克笑了笑说：“200万英镑买一座城市？哪有那么便宜的城市？你不用骗我，我也不要那200万英镑。”

罗伯特把双眉一皱说：“如果你执意不肯，那就别怪我不客气啦！伙计，给他点颜色看看！”两名打手拿出一根绳子，上来就把罗克双手捆在一起，准备把他吊在树上。

开心科普

蜜蜂蜂房是严格的六角柱状体，它的一端是平整的六角形开口，另一端是封闭的六角菱锥形的底，由三个相同的菱形组成，组成底盘的菱形的钝角为 109 度 28 分，所有的锐角为 70 度 32 分，这样既坚固又省料，蜂房的巢壁厚 0.073 毫米，误差非常小。

趣题探秘

（难度指数★★）

等腰直角三角形有几个内接正方形，它们是怎么摆放的，哪个最大？

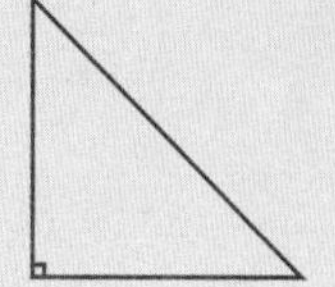

头脑风暴

（难度指数★）

一个钟敲 6 下用了 5 秒，那么它敲 11 下需要用多长时间？

罗伯特让打手把罗克双手捆在一起，要把他吊在大树上。

罗克一想，这可使不得！把我的手吊坏了，我怎么去参加奥林匹克数学竞赛呀！看来和这帮强盗硬碰硬不行，要实行缓兵之计。

罗克高声喊道："慢来，慢来！咱们有话好商量嘛！"

罗伯特见罗克态度有转变非常高兴，忙对两名打手说："快把绳子给他松开！"

罗克揉了揉手腕子问："我怎样帮你们弄到珍宝？"

"很简单。"罗伯特走近罗克，小声对他说，"你现在马上返回宴会厅，趁着他们酒醉未醒的大好时机，提出来要最后看一看这批珍宝。由于你在寻找珍宝中有头功，他们不会不让你看的。只要他们把珍宝摆出来，我带着事先埋伏好的弟兄冲进去，一举夺得珍宝。"

罗克点点头说："是个好主意。我的赏金200万英镑还给不给？"

"给，给，一定给！说话一定算数！"罗伯特显得十分激动。

罗克眼珠一转，问："你带的弟兄人数够吗？你别忘了，这是在神圣部族的土地上。神圣部族的成员个个骁勇善战，弄不好连我带你们全部完蛋！”

“不会的。我这次来岛的目的就是夺取这批珍宝，怎么会不多带几个弟兄呢？你尽管放心好啦！”罗伯特有意回避这个问题。

“你不告诉我人数可不成。”罗克十分认真地说，“我不能拿自己的生命开玩笑。如果就来了你们三个人，我这样干就等于送死呀！”

“看来，你是非知道人数不可呀！好吧，我来告诉你。”罗伯特讲得很慢，一字一句地说，“我一共带来了 x 个人，用$\frac{x}{2}$个人包围宴会厅，$4\sqrt{x}$个人用来保卫游船，6 个人用来解决哨兵，3 个人进行抢夺珍宝，1 个人活捉首领乌西。用乌西做人质，送我们安全撤回到游船上。怎么样？把底都交给你了，请你按计划行事吧！”

罗克点了点头就朝宴会厅走去，他边走边心算：

先列出个方程：

$$\frac{x}{2}+4\sqrt{x}+6+3+1=x。$$

这是个无理方程。可设$\sqrt{x}=y$，$x=y^2$，原方程可以化为：

$$\frac{x}{2}y^2+4y+10=y^2。$$

整理得　　$y^2-8y-20=0$，

解得　　$y_1=10$，$y_2=-2$，

所以　　$x=100$（人）。

罗克心算出答案，心中不免一惊，罗伯特带来 100 名武装强盗，人数可真不少啊！罗克边走边琢磨，怎样才能把情报通知给神圣部族的成员呢？

罗克很快走到了宴会厅，他在门口犹豫了一下，然后快步走了进去。乌西一见罗克进来，十分高兴，端起一杯酒，晃晃悠悠地走了过来，对罗克说："怎么回事？今天是给你开欢送会，你怎么跑出去了？要罚你喝三大杯酒！"

罗克知道这位首领喝得差不多了，跟他说什么也没用。

米切尔也走了过来，虽说他也喝得满脸通红，但神志还清醒。罗克想，我应该把情报尽快告诉米切尔。

参加今天宴会的还有一些旅游者的代表，罗伯特就是代表中的一个，他先于罗克进入了宴会厅。罗克数了一下，此时宴会厅里有四名旅游者代表。

不用说，其中三个人专等抢夺珍宝，一个人准备捉拿首领乌西。直接用英语对米切尔说明情况是不可能了，他在这四个人的监视之下，必须按罗伯特事先教他的话来说。

米切尔拍着罗克的肩膀问："你到哪儿去了？走了这么半天。"

罗克笑了笑说："今天晚上月色特别好，我到外面散散步。我听到了猫头鹰和山猫的叫声，声音很吓人！"说完罗克就学猫头鹰和山猫的叫声，这叫声立刻引起在场人的注意。

乌西挑着大拇指说："罗克，你真行！学得非常像。"罗伯特走近罗克，笑着说："大数学家好兴致呀！学起猫头鹰和山猫的叫声。你可别忘了，猫头鹰的主要任务是捉老鼠，它不捉老鼠也只有死路一条。"罗伯特说完，用装在上衣口袋里的手枪，捅了罗克

的后腰一下。

尽管罗伯特这一动作十分隐蔽，但是被眼尖的米切尔看在了眼里。米切尔联想以前和罗克约定好，用猫头鹰和山猫的叫声传递数字。再想到刚刚发掘出珍宝，就来了这么多旅游者，现在并不是旅游季节，这些旅游者来岛上干什么？莫非……

一个危险信号在米切尔脑子里闪过，他对罗克说："你学得真好听，你能教教我吗？不过，你要慢一点。"

"好的。"罗克爽快地答应了。罗克开始学叫起来：鹰——鹰——猫——猫——鹰——猫——猫。米切尔认真地听着。米切尔又让罗克再学叫一遍。

米切尔哈哈大笑一阵以后，走到一旁掏出笔来进行计算：

鹰代表 1，猫代表 0。罗克通知我的二进制数是 1100100，把它化成十进制数是：

$1\times2^6+1\times2^5+0\times2^4+0\times2^3+1\times2^2+0\times2^1+0\times2^0=2^6+2^5+2^2=64+32+4=100$。

"啊，来了 100 名武装匪徒抢夺这批珍宝，这可不得了！要赶快通知首领乌西才行。"可是米切尔扭头一看，乌西今天太高兴，酒喝多了，说话有点不清。米切尔把这里发生的一切，用神圣部族特有的语言告诉了白发老人。白发老人究竟是见多识广，他叮嘱米切尔不要慌张。因为按照神圣部族的规定，只有首领才有权调动军队，别人谁说了也不算数，因此，必须让乌西尽快清醒过来。怎么办？白发老人与米切尔半开玩笑似地把乌西搀到了一旁。白发老人说："这里有上等的美酒，你快来喝呀！"说完从水桶里舀起一瓢凉水，扣在乌西的头上。白发老人的举动引起轰动，在场的人笑得前仰后合，都认为白发老人开了一个大玩笑。

这一瓢凉水也把乌西给浇醒了，白发老人小声把当前危急情况告诉了乌西。乌西听到这个消息吃了一惊，酒劲儿全过去了。

罗克看到时机已到，就走到乌西的面前说："首领，我帮助贵部族找到了祖宗留下的珍宝，可是到目前为止，我还没有认真欣赏这些宝贝。你能不能把这些珍宝拿出来，让大家欣赏欣赏。"

"这个……"乌西抹了一把脸上的水，显得很犹豫。

罗伯特走到罗克的身后，又用口袋里的枪顶了一下罗克，示意他赶紧让乌西把珍宝拿出来。

罗克满脸不高兴地说："我明天就要走了，看一眼珍宝你都舍不得，你也太抠门儿啦！真不够朋友！"

罗伯特也在一旁插话道："让我们这些旅游者也欣赏欣赏，饱饱眼福！"

乌西琢磨了好半天才说："你们想看看也成，不过这批珍宝是我们部族的宝贝，为了防止意外，我必须派兵保护！"

听说派兵保护，罗伯特脸色陡变，眼睛恶狠狠地盯住罗克，意思是问，是不是你透露了风声？

罗克假装没看见，笑着说："你不会派许多士兵来吓唬我们吧？"

"哪里，哪里。"乌西笑着摆了摆手。乌西立即用神圣部族语言命令卫队长把珍宝带来。

没过多一会儿，由八名全副武装的士兵保护，两名侍从把装珍宝的箱子抬了进来。接着，"呼啦啦"拥进一大群看热闹的岛上居民，把宴会厅挤得满满的。

此时，罗伯特脸上的表情是最难以捉摸的。厅内来了士兵，

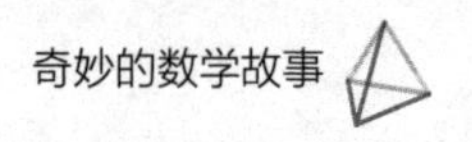

又来了这么多群众，怎样下手抢珍宝呢？不动手抢吧，这恐怕是最后一次机会了，明天一早，游船就要起航，完不成抢夺珍宝的任务，L 珠宝公司的大老板绝不会饶过自己，真是左右为难呀！

罗伯特暗中一咬牙，机不可失，时不再来。此时不下手，更待何时？罗伯特突然从口袋里拔出手枪，枪口朝天“砰砰”开了两枪，这是罗伯特向众匪徒下的行动命令。罗伯特刚想往上冲，去抢夺珍宝，只觉得两只手被铁钳子钳住似的疼痛难忍，手枪也掉在了地上。他左右一看，只见左右各站着一名神圣部族成员，这两个人好似两尊铁塔，自己的两只手臂被这两个人四只粗壮的手紧紧攥住。再看自己的伙伴，也都被看热闹的人制伏，罗伯特大呼：“上当！”

罗伯特被押出了宴会厅，外面站着一排人，个个低着头，后面是拿着武器的神圣部族的士兵，不用问这全是自己的弟兄。罗伯特一数，不多不少正好 99 人，加上自己刚好 100 人。忽然，罗伯特嘴角现出一丝冷笑，大步走到队伍中，低下了头。

乌西从宴会厅里走出来，对罗伯特等 100 名外国强盗说：“一百多年前，你们就来欺负我们。一百多年后，你们又来抢夺我们的珍宝，你们也太欺人过甚了！”正说到这儿，“轰”的一声，宴会厅里发生了爆炸，一时浓烟滚滚，火光冲天。乌西大喊一声：“啊呀！珍宝全完啦！”

开心科普

真正的数学“天才”是珊瑚虫。珊瑚虫在自己的身上记下“日历”，它们每年在自己的体壁上“刻画”出365条斑纹，显然是一天“画”一条。奇怪的是，古生物学家发现3亿5千万年前的珊瑚虫每年“画”出400幅“水彩画”。天文学家告诉我们，当时地球一天仅21.9小时，一年不是365天，而是400天。

趣题探秘

（难度指数★★）

牧羊人有9段长短不一的木栅栏，他想用这9段木栅栏围成一个等边三角形的羊圈，该怎么围？

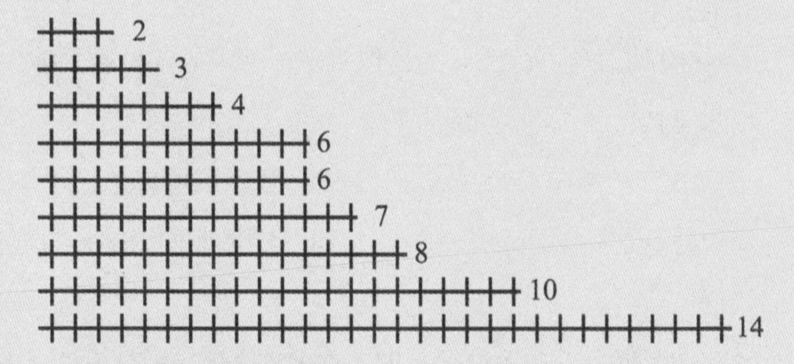

头脑风暴

（难度指数★）

有一家商店做促销活动，商品打七折与买二送一，这两个你觉得哪个更划算呢？

宴会厅发生爆炸，乌西最关心的是宴会厅里的珍宝有没有受损失。他转身跑进宴会厅，里面的桌椅板凳被炸得东倒西歪，装珍宝的箱子不见了。

“哎哟，这可怎么好哟！把祖宗留下来的宝贝给丢啦！”急得乌西捶胸顿足，不知如何是好。

白发老人在一旁劝说：“首领，万万不可着急。爆炸一定是罗伯特这帮外国强盗干的，珍宝也一定是他们偷的，找他们算账就行！”

乌西听白发老人说得有理，跑出宴会厅，一把揪住了罗伯特，厉声问道：“是不是你把珍宝偷走啦？”

罗伯特“嘿嘿”一阵冷笑说：“我偷走啦？你去仔细找找，看看少了谁？少了谁就是谁偷走了。”

乌西命令士兵寻找一下，看看少了什么人。士兵们经过仔细寻找，发现神圣部族的人一个不少，少了两个旅游者，另外，罗克不见啦！

“罗克不见了！他会上哪儿去呢？”乌西和白发老人都很纳闷，米切尔更是急得不得了。

罗伯特在一旁幸灾乐祸地说：“哈哈，是罗克把珍宝偷走了，罗克是我雇用的间谍，你们上他的当啦！”“不可能！”米切尔在一旁十分肯定地说，“罗克不可能是间谍！”

“信不信由你喽！”罗伯特吹了一声口哨，打了一个响指，一副满不在乎的样子。

罗伯特傲慢的态度激怒了乌西，他大喝一声：“把这批外国强盗关起来！”

士兵用枪把 E 国“游客”押了下去。

罗克哪儿去了？这成了大家议论的中心。有的怀疑罗克把珍宝偷走了，理由是罗克提出要看看珍宝的；有的怀疑罗克被人家劫持了；有的说罗克被爆炸吓坏了，不知躲到哪个山洞里去了。

白发老人摇了摇头，独自走进宴会厅仔细观察爆炸现场，想从中找出点蛛丝马迹。突然，白发老人在墙壁上发现用圆珠笔写的一行算式和一个箭头：

已知$x^2+x+1=0$，求$x^{1991}+x^{1990}\Rightarrow$

白发老人悄悄地把米切尔叫过来，和他一起研究这是什么意思。米切尔首先肯定这墙壁上的字是罗克写的。

米切尔说：“先要把这个问题的答案算出来，再进行研究。”

白发老人点点头说：“说得有理。不过，我不会算数学问题，只好由你来算吧！”

“我来试试。”米切尔掏出纸和笔开始演算起来：

$\because$ $x^2+x+1=0$，两边同乘以 $x-1$，

$\therefore$ $(x-1)(x^2+x+1)=0$。

即 $x^3-1=0$，

$x^3=1$。

$x^{1991}+x^{1990}=x^{1989}(x^2+x)$

$=x^{1989}(-1)(\because x^2+x=-1)$

$=x^{663\times 3}(-1)$

$=(x^3)^{663}(-1)$

$=1\times(-1)$

$=-1$。

米切尔又仔细检查了一遍，没有发现错误。他对白发老人说："答案是 -1，不知是什么意思？"

白发老人沉思了片刻问："负数表示什么含义？"

米切尔回答说："负数是正数的相反数。"

白发老人又问："如果说向东走了 -10 米，是什么意思？"

米切尔说："那就表明，他是向西走了 10 米。"

"好啦！"白发老人把双手一拍说，"-1 中的负号告诉我们，罗克所走的方向与箭头所指的方向相反。"

"由于 -1 的绝对值是 1，罗克告诉我们偷走珍宝的绝对是 1 个人。哈哈，谜底终于揭出来啦！"米切尔显得非常高兴。

白发老人找到乌西，向乌西汇报了以上情况，要求和米切尔一起跟踪追击。乌西同意这个方案，并发给他俩每人一支手枪。白发老人和米切尔把手枪装进口袋里，悄悄溜出了宴会厅，向箭

头所指方向的反方向追去。白发老人问："米切尔，你说罗克是跟踪偷珍宝的人呢，还是被人家俘虏了？"

米切尔说："如果罗克是在跟踪人家，他尽可以明白地写出匪徒的多少和去向。罗克既然用这种隐蔽的算式来暗示，就表明他没有办法把情况明白地写出来。"

米切尔分析的一点也没错。刚才宴会厅里一场混战，将罗伯特带来的人全部抓获，大家都跑到外面去看俘虏了，放在厅内的珍宝便无人看管了。罗克怕出意外，没敢出去。

突然，房顶上一声响，从宴会厅的天窗跳下一个人来。此人有四十多岁，海员打扮，身高体壮，留着大胡子，右手拿着一支无声手枪。他用枪逼着罗克说："快，把珍宝箱子扛起来跟我走！"

"等一等，让我穿好衣服。"罗克把鞋提了提，腰带紧一紧，然后又问，"咱们往哪儿走？"大胡子到各个窗口都向外看了看，然后用手向东一指说："朝这个方向走！"他又打开装珍宝的箱子看了看。罗克趁他往箱子里看的机会，在墙上写下了算式和箭头。

罗克扛着箱子从东面的窗户钻了出去，大胡子拿着无声手枪紧跟在后面，一路上不断催促："快，快走！"

紧走了一阵，罗克把箱子放到了地上，喘了几口粗气问："你到底要到哪儿去？我可走不动啦！"说完就一屁股坐在了地上。

大胡子恶狠狠地说："去3号海轮，就在前面，快走！不快走我毙了你！"

罗克把双手一摊说："把我枪毙了，谁替你扛这么重的箱子？"说完随手在地上写了两个算式：

$\lg\sqrt{5x+5}=1-\frac{1}{2}\lg(2x-1)$；

$s_{\triangle}=\sqrt{s(s-a)(s-b)(s-c)}$。

大胡子看了看地上的两行算式，问："你写这两行算式干什么？"

罗克说："我要参加国际数学比赛，不经常复习怎么成啊？"

大胡子看了半天也没看出个所以然，就命令罗克说："还有心思复习数学？站起来扛着箱子快走！"

罗克一副无可奈何的样子，扛着箱子向 3 号海轮走去。

白发老人和米切尔很快就跟踪追了上来，他们发现了罗克写下的两行算式。白发老人问米切尔这两个算式有什么含意。

米切尔看了看说："上面一个是对数方程，可以求出它的解来。下面一个嘛，就是一个公式，叫作……对，叫作海伦公式。我先来解这个对数方程。"

说完他就忙着解起来：

$\lg\sqrt{5x+5}=1-\frac{1}{2}\lg(2x-1)$,

由对数性质知 $1=\lg10$,

$\frac{1}{2}\lg(2x-1)=\lg\sqrt{2x-1}$。

原方程变形为：

$\lg\sqrt{5x+5}=\lg10-\lg\sqrt{2x-1}$,

$\lg\sqrt{5x+5}+\lg\sqrt{2x-1}=\lg10$,

$\lg\sqrt{(5x+5)(2x-1)}=\lg10$,

$\therefore\ \sqrt{(5x+5)(2x-1)}=10$,

$(5x+5)(2x-1)=100$。

"$x_1=3+3$"
"$S_{\triangle}=\sqrt{s(s-a)(s-b)(s-c)}$"

整理得 $2x^2+x-21=0$，

$\therefore \quad x_1=3$，$x_2=-\frac{7}{2}$。

白发老人忙着问："怎么样？算出来没有？"

"我算出来两个根。不过，这是对数方程，算出来的根要经过验算才能确定真伪。"米切尔向白发老人解释。

白发老人着急地说："还要验算？真麻烦！你快点验算一下吧！"

"好的。"米切尔开始进行验算：

先将 $x_1=3$ 代入原方程，

左端 $=\lg\sqrt{5x+5}=\lg\sqrt{5\times3+5}=\lg\sqrt{20}$

$=\frac{1}{2}(1+\lg2)$；

右端 $=1-\frac{1}{2}\lg(2x-1)=1-\frac{1}{2}\lg(2\times3-1)$

$=1-\frac{1}{2}\lg5=1-\frac{1}{2}(\lg10-\lg2)$

$=\frac{1}{2}+\frac{1}{2}\lg2=\frac{1}{2}(1-\lg2)$。

$\therefore \quad x_1=3$ 是原方程的根。

再将 $x_2=-\frac{7}{2}$ 代入原方程，

左端 $=\lg\sqrt{5\times\left(-\frac{7}{2}\right)+5}=\lg\sqrt{-\frac{25}{2}}$，无意义，

$\therefore \quad x=-\frac{7}{2}$ 不是原方程的根。

米切尔告诉白发老人说对数方程只有一个根是 3。

白发老人自言自语地说："第一个方程解得的结果是 3，第二个又是个海伦公式。罗克写这两个算式想告诉咱们点什么呢？"两个人低着头同时在考虑这个问题。

米切尔一边走，嘴里一边不停地念叨："根是 3，海伦公式；3 海伦公式；3 海伦；3 号海轮！啊！我琢磨出来了！这两个算式合在一起，便是告诉我们，罗克去 3 号海轮了。"

"对，是这么回事！罗克一定是去 3 号海轮了。咱们快去 3 号海轮找他！"

说完两个人急匆匆向 3 号海轮跑去。

开心科普

丹顶鹤总是成群结队迁飞，而且排成“人”字。“人”字形的角度是 110 度，更精确地计算还表明“人”字形夹角的一半——即每边与鹤群前进方向的夹角为 54 度 44 分 8 秒！而金刚石结晶体的角度正好也是 54 度 44 分 8 秒！是巧合还是大自然的默契呢？

趣题探秘

1.（难度指数★★）

如右图，连接边长为 1 的正方形对边中点，可将一个正方形分成 4 个大小相同的小正方形，选右下角的小正方形进行第二次操作，又可将这个小正方形分成 4 个更小的小正方形……重复这样的操作，则 99 次操作后右下角的小正方形面积是多少呢？

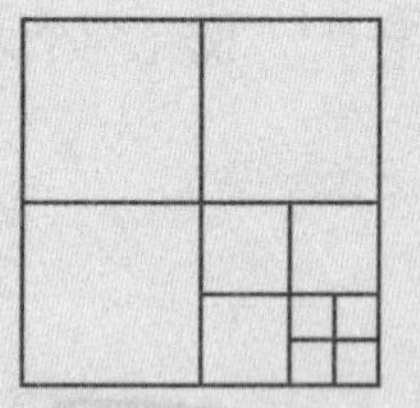

2.（难度指数★★★）

如右图，正方形的边长为 6 米，已知三角形覆盖了正方形二分之一的面积，正方形覆盖了三角形四分之三的面积，请问三角形的面积是多少？

头脑风暴

（难度指数★★）

如果一件 T 恤衫降价 20%出售，那么降价后的价格需要增加多少个百分点，才能回到原来的价格呢？

19 轮船上的战斗

米切尔和白发老人在黑夜的掩护下，悄悄地向 3 号海轮摸去。海水拍打着船体发出“啪、啪”的响声，两人在这声音的掩护下迅速登上了轮船。两人发现 3 号海轮就是那艘游船。

米切尔自言自语：“这么大的轮船，他们会躲到哪儿去呢？”

白发老人说：“米切尔，别着急，咱们仔细找一找，我相信罗克一定会留下什么算式和记号之类的。”

两个人低着头仔细寻找，突然在一块大铁板上发现了几行字：

有一个怪数，它是一个自然数。首先把它加 1，乘上这个怪数，再减去这个怪数，再开方，又得到了这个怪数。

“怪数？我来算算它如何怪法。”米切尔开始求解这个怪数。他先设这个怪数为 x，然后列出一个方程：

$$\sqrt{(x+1)x-x}=x。$$

由于 x 表示自然数，它恒大于 0，

所以（$x+1$）$x-x=x^2$。

整理 $x^2+x-x=x^2$，

$x^2=x^2$。

“咦！怎么得到一个恒等式？”米切尔看见最后一个式子直发愣。

“恒等式……恒定不动。唉，罗克通过这个恒等式告诉我们，他们在这儿恒定不动！”白发老人也开始破译数学式子了。

米切尔摇摇头说：“他们在这儿恒定不动，可是，这儿连一个人也没有啊！”

白发老人一指脚下的大铁板说：“他们一定在这块铁板下面！”

“说得有理！咱俩把它搬开。”米切尔说完，与白发老人一起，用力把大铁板推到一边，铁板下露出一个通道口。

“下去！”米切尔刚想顺着梯子下去，突然从下面“啪”地打了一枪，这显然是无声手枪，子弹擦着米切尔的耳朵边飞了过去。

米切尔举起枪刚想还击，白发老人把米切尔的枪按了下去，小声说：“不能开枪，别误伤了罗克！”说完，白发老人不顾危险，自己顺着梯子往下跑。

米切尔喊了一声：“小心！”跟在白发老人的后面跑了下去。

跑进舱里，米切尔看清楚了，一个海员打扮、留着络腮胡子的高个外国人，用罗克做掩护，正步步后退。只见这个大胡子左手搂住罗克的脖子，右手握枪，枪口对着米切尔。他用英语大声吼叫：“不要过来，否则我把你们和罗克统统杀死！”

怎么办？米切尔想冲上去把罗克救出来，白发老人拦住米切

尔，说不可轻举妄动。

大胡子拖着罗克退到一个铁门前面，门旁有一排数字电钮。大胡子按了几下电钮，突然，罗克“哎哟”大叫一声，接着学起了猫头鹰和山猫的叫声，米切尔则全神贯注地听着。罗克是这样叫的：

哎哟——鹰——猫——猫——哎哟——鹰——鹰——哎哟——猫。

罗克[illegible]，铁门向上提起，大胡子拖着罗克进了铁门，铁门“哐当”一声又落了下来。

白发老人问米切尔说：“罗克又告诉你什么秘密了？”

米切尔说：“罗克通知我开铁门的密码。猫头鹰叫代表 1，山猫叫代表 0。他用‘哎哟’隔开，表示是 3 个数字。”

“快说是哪 3 个数字？”白发老人有点等不及了。

米切尔说：“第一个数字是 100，第二个数字是 11，第三个数字是 1000。化成十进制数就是 4、3、8。”

白发老人一个箭步冲到铁门前，迅速按动 4、3、8 三个电钮，铁门缓缓地向上提起，两个人一低头就钻了进去。里面是间不大的屋子，屋子里一个人也没有，空荡荡的。四周的墙壁都是铁板，没有窗户，像是一间牢房。

“人呢？”白发老人发现屋里没人，好生奇怪。这时铁门又落了下来，想出去是不成了。

“明明看见他们进了这间屋子，怎么突然就不见了？”米切尔也感到奇怪。

米切尔想，这屋子里一定有什么暗门地道一类装置，大胡子是从暗门地道跑了。米切尔仔细寻找，希望能发现点什么。白发老人则用

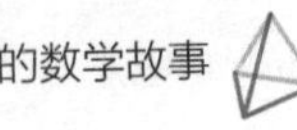

枪把子到处敲敲打打，希望能发现暗门，两个人查找了半天，一无所获。

突然，米切尔发现墙壁的一处是由几块铁板拼起来的，由于拼得严丝合缝，不细看是看不出来的。

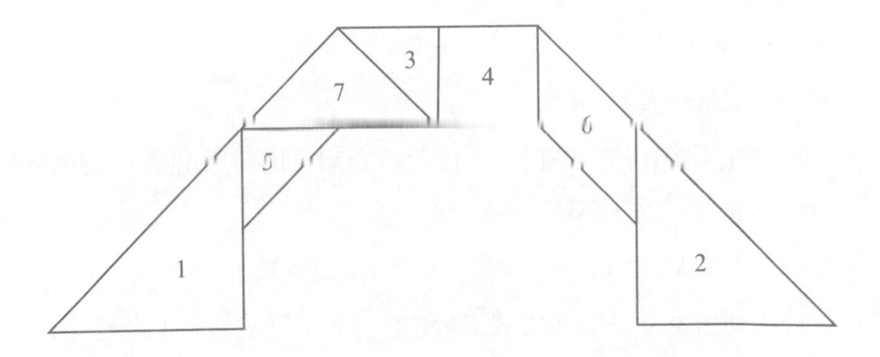

米切尔对白发老人说："你看，墙上的这一部分是用几块铁板拼出来的。"

白发老人仔细地看了看说："嗯，是由七块形状不同的铁板组成的，形状像座桥。"说着他从腰里拔出匕首，试着撬了撬。没想到他一撬，就把其中的一块铁板撬了起来，"当啷"一声掉在了地上。很快，白发老人把七块铁板都撬了下来。但是，把铁板撬下来也出不去，铁板后面还有铁板。

米切尔摆弄这七块铁板，问白发老人："你说，在墙上装这七块铁板有什么用？"

"嗯……"白发老人琢磨了一下说，"铁板拼成桥的形状，而桥是用来过人的。咱们能不能通过这座桥走出这间铁屋子？"

"哈哈。"米切尔觉得白发老人说的话挺可笑，他反问，"这种拼在墙上的桥，叫咱们怎么过法？"

“我不是这个意思。我是想，能不能通过

这七块

米切尔忽然灵机一动说：

中国的智力玩具—— 七巧板。七巧板是可以拼成一个正方

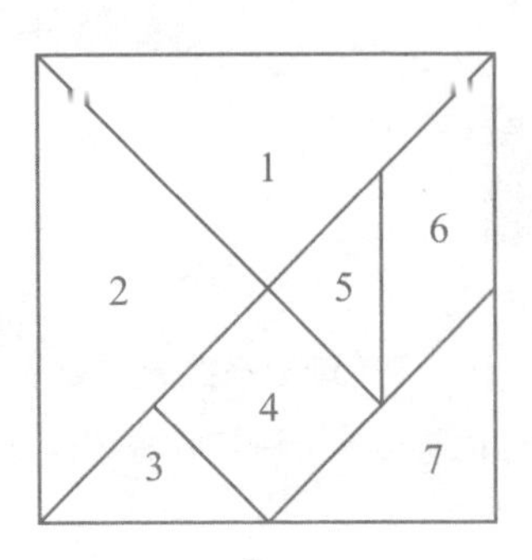

“反正咱俩也出不去，拼拼试试。”说完白发老人和米切尔一起在墙上拼了起来。用了不长时间,就拼出一个正方形。说也奇怪，刚把正方形拼好，这个正方形往下一沉，露出一个正方形的门来，两个人从门中钻了出去。

外面是一间豪华的客舱，大胡子一个人坐在沙发上，一边喝咖啡，一边听音乐，悠然自得。

大胡子看见白发老人和米切尔出来了，大叫一声，立即伸右手去摸枪。

“砰”地一响，大胡子“哎哟”一声，白发老人一枪正好打中大胡子的右手腕。米切尔一个箭步冲了上去，用枪顶住大胡子的脑袋，大喝一声：“不许动！”

大胡子颤抖地举起了双手。

开心科普

欧拉恒等式也叫作欧拉公式，它是数学里最令人着迷的公式之一，它将数学里最重要的几个常数联系到了一起，两个超越数：自然对数的底 e，圆周率 π，两个单位：虚数单位 i 和自然数的单位 1，以及数学里常见的 0。因此，数学家们评价它是“上帝创造的公式，我们只能看它而不能理解它。”

趣题探秘

1.（难度指数★）

如右图不规则图形，你有没有办法把它分割成 3 块。

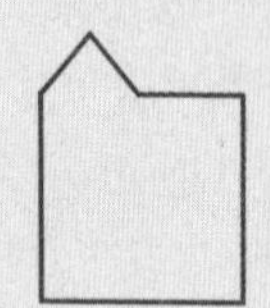

2.（难度指数★★）

如右图，A、B、C 三个天平中，A、B 两个天平已经达到平衡，那么 C 天平上需要几个圆形，该天平才能达到平衡呢？

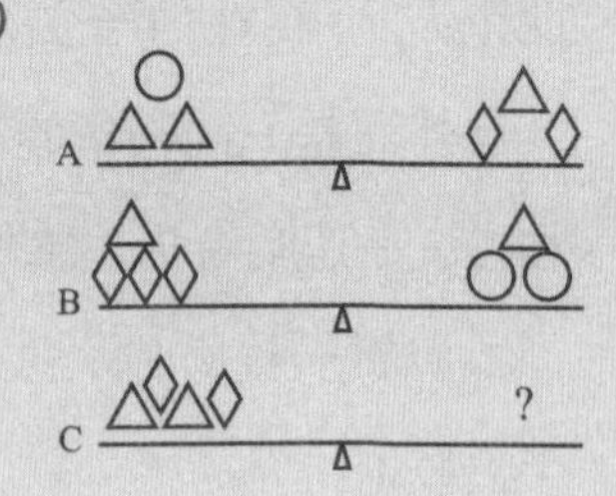

白发老人开始审讯大胡子。

白发老人问："罗克呢？"

大胡子低头不语。

白发老人又问："你抢走的珍宝藏到哪儿去了？"

大胡子还是低头不语。

白发老人发怒了，"啪！"用力拍了一下桌子，把桌子上的茶杯都震倒了，吓得大胡子一哆嗦。白发老人说："你既然什么都不想说，就别怪我不客气啦！米切尔，把他拉出去枪毙了，扔进海里。"

米切尔答应一声，用枪顶了大胡子一下说："走，到外面去！"

大胡子听说要枪毙他，害怕了，忙说："我说，我说。"

白发老人见大胡子开口了，就让米切尔把他的右手包扎好，又给他点了支香烟。

大胡子狠命吸了两口烟，镇定一下说："我把罗克和珍宝都交给头儿了。"

白发老人进一步追问："你们头儿在哪儿？"

大胡子指着一个圆形的门说：“我们头儿每次都从那个圆门里出来，不过，他从来没让我进去过。”

白发老人又问：“你们的头儿长得什么样？他是干什么的？”

大胡子又吸了一口烟，然后慢吞吞地说：“我们头儿长得又矮又胖，秃顶，有 50 多岁，是我们 L 珠宝公司海外部经理。”

“嗯？”白发老人皱起眉头问，“你们海外部经理不是罗伯特？”

“嘿嘿。”大胡子冷笑了两声说，“我们海外部经理怎么能亲自去干抢夺珍宝的事？罗伯特是我们经理的秘书。”

白发老人对米切尔说：“先把他捆起来！”米切尔用绳子把大胡子捆在沙发上，又用布把他的嘴堵上。

两个人拿着枪朝着圆门扑去，用手轻轻一推，圆门就开了。里面是一个长过道，长过道的一侧一连有三个门，门上分别写着字母 A、B、C。每个门上都贴着两张纸条，上面一张纸条上都写着：“海外部经理在此办公。”下面一张纸条上写的就不相同了。

A 门上写着：“B 门上纸条写的是谎言。”

B 门上写着：“C 门上纸条写的是谎言。”

C 门上写着：“A 门、B 门上纸条写的都是谎言。”

米切尔看完这几张纸条，摇摇头说：“真活见鬼了！这三个门都写着海外部经理在里面，又都说别的门上写的是谎言，这叫咱们怎样弄清楚真假啊！”

白发老人也摇了摇头说：“这是成心绕人玩！”

米切尔一时性起，他说：“管他真假呢，咱们把每个门都打开，看他藏在哪里！”

“不成，不成。这样会打草惊蛇。”白发老人想了一下说，“你

A
B
C

能不能从这几句话中，分析出这位经理究竟在哪个门里？”

“嗯，我想起来了。罗克曾教给我一个解决这类问题的方法。”米切尔掏出笔和本在上面写出：

如果是真话则用 1 表示，如果是谎言则用 0 表示。下面对 A 门上的纸条是真话或是谎言这两种情况进行讨论：

（1）若 A=1，即 A 门上的纸条是真话。

由于 A 门上写着“B 门上纸条写的是谎言”，可以肯定 B=0；

又由于 B 门上写着“C 门上纸条写的是谎言”，而 B=0，即 B 是谎话，所以 C 门上写的应该是真话，即 C=1。

由于 C 门上写着“A 门、B 门上纸条写的都是谎言”，而 C=1，即 C 是真话，所以 A=0，B=0。

但是，我们已事先假定了 A=1，这里同时 A 又等于 0，出现了矛盾。说明这种情况不成立，即假设 A 是真话错了。

（2）若 A=0，即 A 门上的纸条是谎言。

由于 A 门上写着“B 门上纸条写的是谎言”，可以肯定 B=1；

又由于 B 门上写着“C 门上纸条写的是谎言”，而 B=1，即 B 是真话，所以 C 门上写的应是谎言，即 C=0。

由于 C 门上写着“A 门、B 门上纸条写的都是谎言”，而 C=0，即 C 是谎言，所以 A 和 B 中至少有一个是真话，即 A=0，B=1；或 A=1，B=0；或 A=1，B=1。由于我们事先假定的是 A=0，因此，我们只能选 A=0，B=1 这组。

最后结论是：A 门是谎言，B 门是真话，C 门是谎言。

白发老人看完米切尔的推算过程，点了点头说："只有B门是真话，B门上写的'海外部经理在此办公'是真的啦！米切尔，咱俩冲进B门去！"

两人拿好枪，奋力向B门冲去，门被撞开，看见罗克双手被捆坐在沙发上，装珍宝的箱子放在地上。矮胖经理一看有人冲了进来，拿起冲锋枪向门口猛烈射击，子弹呈扇面状射了过来。白发老人躲闪不及，胳臂被子弹擦伤，鲜血湿透了衣服。由于子弹过于密集，白发老人和米切尔又退了出来。

米切尔一看白发老人的胳臂，忙问："你受伤了，要紧吗？"

白发老人笑着摇了摇头说："没事儿，只不过擦破了点皮儿。"米切尔赶紧帮他把伤口包扎好。

白发老人说："看来，咱俩只能智取，不能强攻。"两个人小声研究起来。

开心科普

假设你在参加一个由 50 人组成的婚礼，有人或许会问："我想知道这里两个人的同一天生日的概率是多少? 回答这个问题的关键是该群体的大小。随着人数增加，两个人拥有相同生日的概率会更高。在 10 人一组的团队中，两个人拥有相同生日的概率大约是 12%。在 50 人的聚会中，这个概率能达到大约 97%。然而，只有人数升至366 人(其中有一人可能在2月29日出生)时，你才能确定这个群体中一定有两个人的生日是同一天。

趣题探秘

（难度指数★★）

右图 1、2、3 三个图形，分别是一个物体的俯视图、正面视图和侧面视图，你能根据这三个图形画出这个物体的形状吗?

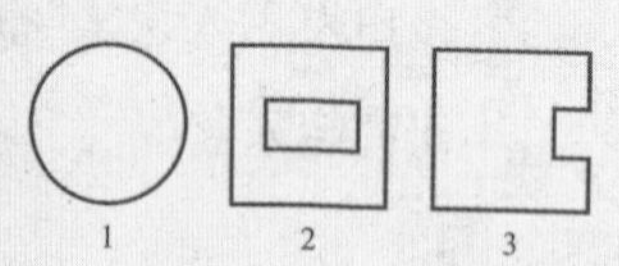

头脑风暴

（难度指数★★）

7 个大西瓜的重量是依次递增的，平均重量约 7 千克，最重的西瓜有多少千克?

21 寻找最佳射击点

罗克在大胡子押解下，扛着沉重的珍宝箱上了 3 号海轮。由于白发老人和米切尔紧紧追赶，大胡子把珍宝和罗克一同交给了海外部经理。大胡子曾建议：已经把珍宝弄到手了，把罗克杀了算啦！海外部经理不同意，他认为可以用罗克去换回被神圣部族抓去的 100 名雇员。

白发老人和米切尔这么快就闯进他的经理室，使他万万没想到，他暗骂大胡子是个废物，连两个人都对付不了，却让他们摸进了经理室。海外部经理这时十分紧张，他先把装有珍宝的箱子藏进大保险柜，又在屋里用桌椅沙发垒起了工事，准备和白发老人决一死战。

罗克见这位矮胖经理一个劲儿地忙于建造防御工事，而对自己放松了看管。虽然自己的双手被捆住，但是双脚是自由的。罗克又看到房门已经被米切尔他们撞开，现在是逃跑的最好时机。机不可失，时不再来，应该赶紧跑出去。想到这儿，罗克从沙发上站起来，一个百米冲刺就跑了出去。矮胖经理冲着门外扫了一梭子，可是一枪也没打着。

米切尔见罗克跑了出来，过去紧紧把他搂住，高兴地说："罗克，你终于逃出来啦！"

白发老人也非常高兴，抽出刀子先把捆罗克的绳子割断，嘴里不停地说："太好啦！太好啦！"

三个人凑在一起研究怎样夺回珍宝，罗克首先把屋里的情况简单地介绍了一下。针对屋里只有矮胖经理一人,米切尔主张强攻进去，消灭矮胖经理，夺回珍宝！白发老人则考虑矮胖经理手里有冲锋枪，强攻有相当的危险！两个人的意见不一致，怎么办？现在要等罗克表态了。罗克琢磨了一下，觉得时间紧迫，必须抓紧时间攻进去。但是不能盲目强攻，要给矮胖经理最大的攻击，而自己伤亡的可能性要尽量的小。对于罗克的折中方案，白发老人和米切尔一致赞同。

白发老人问："怎样才能做到你说的这两点呢？"

罗克说："咱们有两支枪；一支枪对矮胖经理射击是为了吸引他的火力，另一支枪要置他于死地！"两人都说罗克的方案好！

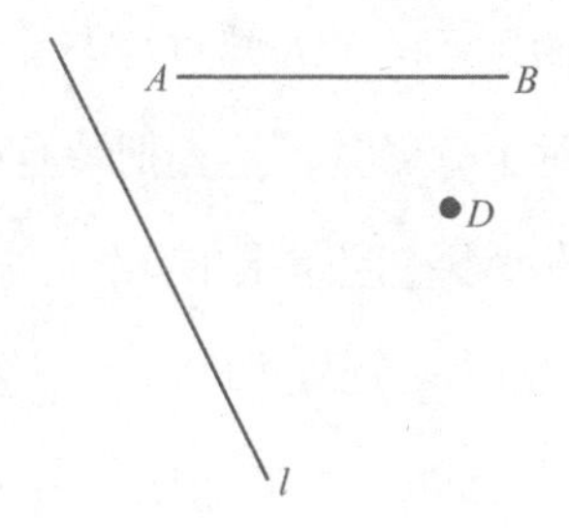

他们先搬来一个非常厚实的硬木桌子放到了 D 点，门宽为 AB，他们又推来几个长沙发，摆成了一条直线 l。

白发老人藏在硬木桌子后面，不断地打冷枪。矮胖经理一个劲儿地向硬木桌子射击，由于硬木桌子非常厚，子弹穿不透，根本伤不着白发老人。

米切尔藏在一排沙发后面，沿着直线 l 往前爬。现在的问题是米切尔在什么地点射击最有利?

罗克说："最有利的射击点，应该在直线 l 上找一点，使这一点对门 AB 的张角最大。因为张角大，就容易射中门里的目标。"

米切尔问："怎样才能在直线 l 上找到这个点呢？"

罗克拿出纸和笔画了几个图研究了一下说："可以这样来找，过 AB 作一个圆与直线 l 相切，切点 M 对门 AB 张角最大。"

米切尔问："这是为什么？"

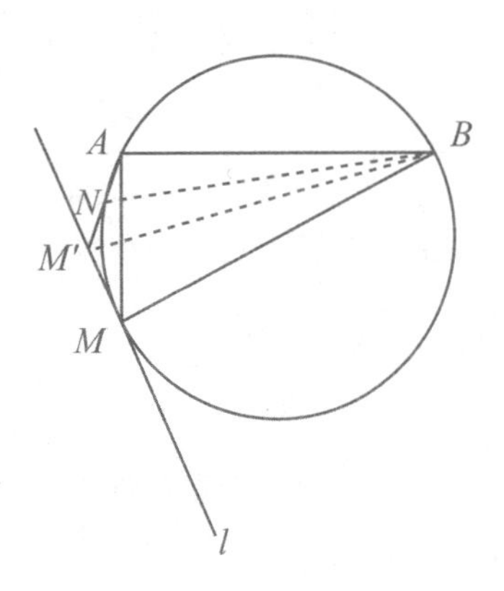

罗克说："假如你不相信 $\angle AMB$ 最大，可以在 l 线上再任选一点 M'，连接 $M'A$，交圆于 N 点。根据三角形的外角大于不相邻的内角，所以有 $\angle ANB > \angle AM'B$。又根据同弧上的圆周角相等，$\angle AMB = \angle ANB$，因此有 $\angle AMB > \angle AM'B$。说明直线 l 上除 M 点之外，其他点对 AB 的张角都较小。"

米切尔说："嗯，你说得有理。可是这个圆又应该怎样画呢？"

罗克说："可以这样来画：延长 BA 与直线 l 交于 C。以 BC 为直径作半圆，由 A 引 BC 的垂线交半圆于 F。再以 C 为圆心，CF 为半径画弧交 l 于 M，M 为所求点。"

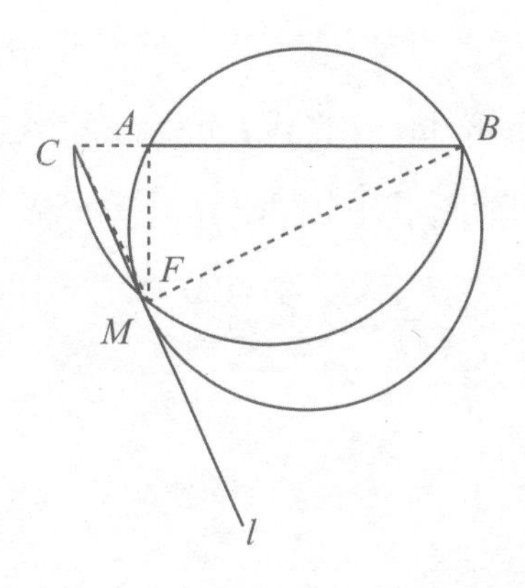

米切尔有点犹豫地说："你画出来的点保证正确吗？"

"不信，我给你证明。"罗克在纸上证了起来：

连接 CF、BF，则△ BCF 为直角三角形。

∵ $\triangle AFC \backsim \triangle FBC$，

∴ $\dfrac{CF}{CA}=\dfrac{CB}{CF}$。

∴ $CF^2=CA\cdot CB$。

∵ $CF=CM$，

∴ $CM^2=CA\cdot CB$。

根据圆切割线定理的逆定理，M 点是过 A、B 两点与直

线 l 相切的圆的切点。

罗克与米切尔大致估计了 M 点的位置，然后在 M 点藏好。这时，白发老人加紧向屋里射击，一边射击还一边大声嚷嚷，叫矮胖经理赶快投降。矮胖经理被激怒了，端起冲锋枪朝白发老人的方向猛烈射击。与此同时，米切尔在 M 点举枪等待时机，见矮胖经理刚一抬身，米切尔迅速扣动扳机，“砰”的一枪，正好打中他的右手腕，矮胖经理大叫一声，扔掉冲锋枪倒在了地上。

等了一会儿，不见动静。米切尔说：“你们掩护，我进去看看。”米切尔小心地摸进了屋里，转过桌子一看，地上只剩下一支冲锋枪，矮胖经理不见了。

开心科普

抛硬币是做决定时普遍使用的一种方法。人们认为这种方法对当事人双方都很公平。因为他们认为钱币落下后正面朝上和反面朝上的概率都一样，都是50%。但是有趣的是，这种非常受欢迎的想法并不正确。首先，虽然硬币落地时立在地上的可能性非常小，但是这种可能性也是存在的。其次，即使我们排除了这种很小的可能性，测试结果也显示，如果你按常规方法抛硬币，即用大拇指轻弹，开始抛时硬币朝上的一面在落地时仍朝上的可能性大约是51%。之所以会发生上述情况，是因为在用大拇指轻弹时，有些时候钱币不会发生翻转，它只会像一个颤抖的飞碟那样上升，然后下降。

趣题探秘

1.（难度指数★）

小明上班的办公楼和居住的居民楼都是6层高，而小明工作和居住的楼层均在第3层。小明每天所爬的台阶数是家住6楼、工作也在6楼的同事的几分之几呢?

2.（难度指数★★）

如图，一颗名为X的行星有两颗卫星围绕它公转，卫星A公转一圈要3年，卫星B公转一圈要5年。那么要再过多少年，他们会再次出现在图示的一条直线上?

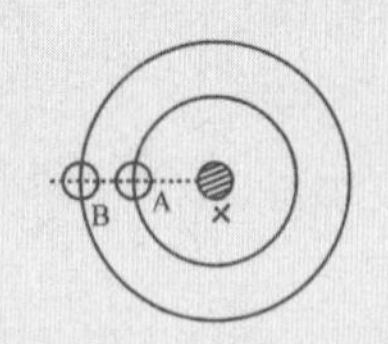

又矮又胖的海外部经理右手腕中了米切尔一枪，扔掉了冲锋枪，不知从哪个地方跑掉了。罗克拿起冲锋枪，高兴得不得了。

白发老人说：“先不要管那个矮胖经理，把珍宝取出来要紧！”

罗克指着一个大铁柜说：“珍宝应该藏在这个保险柜里了。”

白发老人走过去一看，保险柜用的是密码锁，并排三个可以转动的小齿，每个小齿可以显示从 0 到 9 这十个数码。

米切尔说：“这个密码锁比较简单，只要凑对了一个三位数就可以打开。”

“也不那么简单。”罗克说，“一个小齿有 0 到 9 共 10 种不同的数字；两个小齿有 $10\times10=100$（种）不同的数字；现在是三个小齿，会有 $10^3=1000$（种）不同的数字。这 1000 种不同的三位数要凑出来，可要费一阵子功夫！”

白发老人说：“那可来不及。嘿，你们看，这是个什么东西？”

米切尔和罗克仔细一看，在密码锁的上方有一行算式：

$$2^{2^5}+1$$

米切尔说："这是一个奇怪的算式。"

罗克点点头说："我知道了，这是 n=5 的费马数。"

"费马数？什么是费马数？"白发老人弄不明白了。

"费马是 17 世纪法国著名数学家。"罗克开始介绍费马和费马数，"他找出一个公式：

$$F(n)=2^{2^n}+1。$$

他认为 n 依次取 0、1、2、3……时，这个公式算出来的数都是质数。"

米切尔问："他证明了吗？"

"没有。他只对前 5 个这样的数进行了验算。"罗克随手写下前 5 个数：

$$F(0)=2^{2^0}+1=2+1=3;$$

$$F(1)=2^{2^1}+1=4+1=5;$$

$$F(2)=2^{2^2}+1=16+1=17;$$

$$F(3)=2^{2^3}+1=256+1=257;$$

$$F(4)=2^{2^4}+1=65536+1=65537。$$

罗克接着说："前 5 个数都是质数。第 6 个数太大，费马没接着往下算。可是费马断言：对于其他的自然数 n，这种形式的数一定也都是质数。后来，数学家就把$2^{2^n}+1$ 形式的数叫作费马数，记作 $F(n)$。"

白发老人着急地问："费马这位老先生的断言究竟对不对呢？"

"不对！"罗克说，"18 世纪瑞士著名数学家欧拉发现 n=5 时，$F(5)$ 就不是质数了。我还清楚记得 $F(5)$ 的数值：

$F(5)=2^{2^5}+1$

$2^{2^5}+1$
$F(n)=2^{2^n}+1$

=4294967296+1

=4294967297

=641×6700417。

结果它是一个合数。”

米切尔笑着说：“费马也太武断了，只算了前 5 个就敢说对任何自然数都成立！”

“还有有趣的哪！”罗克说，数学家后来又接着往下算，又算出 46 个费马数是合数，还有一些费马数如$2^{2^{17}}+1$、$2^{2^{20}}+1$、$2^{2^{22}}+1$ 等，一时还无法确定是合数还是质数。但是有一点可以肯定，当 $n>4$ 时，还没有发现一个费马数是质数。有的数学家就猜想：除去 $n=0$、1、2、3、4 外，$F(n)$ 都是合数。”

“哈哈……”白发老人笑着说，“真是太有意思了。跟你这位小数学家在一起，真长见识！”

“故事讲完了，开保险柜的密码我也找到了，这就是 641。”罗克说完，就把三个小齿轮拨成 641，然后用力一拉，保险柜的门就打开了。珍宝箱果然在里面。

米切尔说：“多亏咱们这儿有位数学家，不然的话，这个十位数，谁会把它分解成质因数呀！”

罗克介绍说：“E 国 L 珠宝公司使用的是最新的‘RSA 密码系统’。这个密码系统是特工人员使用的高级密码系统。破译这种密码，需要有能力把一个 80 位数分解成质因数的连乘积。但是，将一个大数分解成质因数连乘积是十分困难的。”

白发老人点点头说：“连特务都在数学上打主意。来，咱们把珍宝箱子抬出来。”

罗克说:“让我和米切尔抬。”可是,两人把箱子往外一抬,脸色就变了。

罗克赶忙把箱子打开一看,啊!箱子里空空如也,珍宝不知去向啦!

罗克瞪圆了眼睛说:“这不可能!是我亲手把珍宝箱放进保险柜里的,当时珍宝箱还挺重的,怎么过了一会儿,箱内的珍宝全没有了呢?”

米切尔狠命地一跺脚说:“这简直是变戏法。”

白发老人把身子探进保险柜,用拳头砸了砸柜底,发出“咚、咚”的声音。白发老人一指柜底说:“问题就出在这儿,柜底是空声,表明柜底是活的,下面是空的,可以打开柜底,从下面把珍宝箱拿出去,等把珍宝拿出箱子,再把箱子送回保险柜。”

罗克和米切尔都佩服白发老人的分析。罗克补充说:“那个矮胖经理手腕上中了一枪,也突然不见了,可能也从地下跑了。这些地板,可能有很多块都是活动的。”

罗克在屋里到处走,一边走一边用力跺地板,想找一找哪块地板下面是空的。当他走到屋子正中央用力跺地板时,地板忽然翻转了一下。罗克大喊一声:“啊呀!”一下子就掉到地板下面去了。

白发老人和米切尔眼睁睁地看着罗克掉了下去,想救都来不及了。

数学加油站 22

开心科普

皮耶·德·费马是 17 世纪法国的一名律师，也是一位业余数学家。之所以称业余，是由于费马具有律师的全职工作。费马最后定理在中国习惯称为费马大定理，西方数学界原名“最后”的意思是其他猜想都证实了，这是最后一个。著名的数学史学家贝尔在 20 世纪初所撰写的著作中，称皮耶·德·费马为“业余数学家之王”。贝尔深信，费马比同时代的大多数专业数学家更有成就。

趣题探秘

1.（难度指数★★★）

尽自己最快的速度比较下列一组数的大小：81 的 31 次方，81 的 31 次方，9 的 61 次方。

2.（难度指数★★★）

观察下面两个算式，哪一个得出的结果更大？

A. 2^{99}

B.（$2^{98}+2^{97}+2^{96}+\cdots+2^{2}+2^{1}+2^{0}$）

头脑风暴

（难度指数★★★）

有一群蚂蚁，其中一部分它们是总数量的一半的平方根，它们去搬一块面包屑去了，然后剩下的 8/9 随后也跟随过去，剩下 2 只蚂蚁在洞穴里。这群蚂蚁一共有多少只呢？

扫一扫看金牌教师视频讲解

地板一翻转，罗克掉了下去，重重地摔到下一层船舱中了。大胡子正坐在沙发上玩弄他那支无声手枪，见罗克掉了下来，先上前拾起那支冲锋枪，然后笑着说：“我知道会有人掉下来的，我在这儿等半天啦！”

大胡子用手枪指了指上面问：“那两个人什么时候掉下来？你把他俩一起叫下来算啦！省得待一会儿我还要上去抓他们。”

“哼！”罗克从地上爬起来，狠狠瞪了大胡子一眼。

大胡子皮笑肉不笑地对罗克说：“嘿嘿，听说你还是位数学家，小小年纪，真看不出你有这么大本事。我从小数学不好，不瞒你说，我从小学四年级开始，数学考试就没及格过。我们头儿也利用我数学不好常常骗我。”

罗克没心思听他胡言乱语，心里琢磨着如何逃出去。

“喂，我说话你听见没有？”大胡子发现罗克有点心不在焉。

罗克点点头说：“我听着呢！”

大胡子招招手让罗克靠近一点，然后小声对罗克说：“我们的

头儿，就是那个又矮又胖的经理刚才对我说，只要我能帮助他把这批珍宝弄回E国，他就把珍宝分给我一份。”

罗克心里暗骂，你们这伙强盗，梦想瓜分神圣部族的遗产，我绝不让你们的阴谋得逞。

罗克心里虽然这样想，嘴里却说：“他分给你多少啊？”

大胡子美滋滋地说：“我们头儿说将来分给我x件珍宝。他还给我做了具体安排：$\frac{x}{2}$件珍宝用于买一座大房子；$\frac{x}{5}$件珍宝买一辆高级轿车；$\frac{x}{5}$件珍宝送给我老婆；6件珍宝送给我儿子；4件珍宝送给我女儿。你能帮我算算，一共分给我多少珍宝？你帮我算出来，我就放了你。”

罗克问：“真的？你说话算数吗？”

大胡子站起来一拍胸脯说：“我大胡子说话从来就是说到哪儿做到哪儿，我如果说话不算数，将来就不得好死！”

“好吧，我来给你算算。”罗克拿出纸和笔边写边说，“你们经理分给你x件珍宝，而这x件珍宝全有了用场。所以，把买房子、买轿车、给你老婆孩子的珍宝加在一起正好等于x件。”

大胡子高兴地说：“你不愧是大数学家，这么难的问题经你这么一分析，有多清楚！我怎么就不会呢？”

罗克笑了笑，随手列出一个方程来：

$$\frac{x}{2}+\frac{x}{5}+\frac{x}{5}+6+4=x$$

整理，得$\frac{x}{10}=10$。

$x=100$（件）。

x/2
x/5
6
4
x/5

“你可以得到 100 件珍宝。”

“啊！”大胡子大叫了一声，“扑通”跪到了地上，左手轻轻扶着受伤的右手，大声叫道：“我的上帝！整整 100 件珍宝，这要值多少钱哪！我发大财啦！”

罗克在一旁冷冷地说：“不过，你别高兴过早了。据我所知，珍宝箱中总共才有 101 件珍宝，你们头儿怎么可能分给你 100 件，他只拿 1 件珍宝回去交差？”

“有这种事？”大胡子慢慢地从地上又站了起来。

他抢过罗克手中的算稿看了又看，问：“你不会算错吧？”

罗克一本正经地说：“怎么会错呢？我不是数学家吗？好啦，我已经给你算出来了，该放我走啦。”

大胡子对矮胖经理又骗了他十分生气，他对罗克说：“你可以走啦，我要找胖子算账去！”

罗克刚想走出去，大胡子又把他叫了回来，对他说：“你出去后，可千万别乱跑，这里面布满各种装置，稍不留神，就会把命搭进去。我劝你赶快离开这艘 3 号海轮，逃命去吧！”

罗克冲大胡子点了点头说：“谢谢你的关照，再见！”罗克走出这间船舱来到通道。这时他心里只想着赶快找到白发老人和米切尔。

罗克想，我是从上面一层船舱掉下来的，我必须回到上面一层去，才能找到他们。罗克开始找楼梯，可是前前后后找了个遍，也没找到。忽然，他发现有一个洞，一根绳子从洞中吊下来。他走近一看，原来这个洞从船板一直通到船底，这是为船员紧急下舱准备的。

罗克自言自语："我顺着这根绳子爬上去不就成了吗？对，我在学校爬绳练得还是可以的。"说完，他向手心吐了口唾沫，双手抓紧绳子，然后手脚并用开始向上爬。爬呀爬，离上层楼板只有一臂的距离了，突然绳子一松，罗克大叫了一声，他穿过一个个圆洞，直向船底掉下去……

数学加油站 23

开心科普

法国著名的哲学家、数学家、物理学家笛卡儿，分析了几何学和代数学的优缺点，表示要寻求一种包含这两门科学的优点而没有它们的缺点的方法，这种方法就是用代数方法，来研究几何问题——解析几何，《几何学》确定了笛卡儿在数学史上的地位，《几何学》提出了解析几何学的主要思想和方法，标志着解析几何学的诞生。

趣题探秘

1.（难度指数★）

一辆汽车每行 8 千米要耗油 4/5 升，那么平均每升汽油可行多少千米，行 1 千米路程要耗油多少升？

2.（难度指数★★）

假如 X+X+X+Y=X+X+Y+Y+Y=Z+Z

Z−X=6

那么 X、Y、Z 分别代表什么值呢？

轻松一刻

（难度指数★）

三个小朋友下跳棋，一共下了 45 分钟，请问每个小朋友下了多少分钟？

24 船舱大战

罗克抓紧绳子正往上爬，突然绳子松开了，他双手握住绳子迅速向船底掉下去。这时就听到大胡子在甲板上“哈哈”大笑。

大胡子说：“掉下去至少也要摔个半死哟！”

罗克心想，这下子可完了，从这么高的地方掉下去，肯定要摔死！

突然，绳子被人从上面拉住了，罗克趁停止下落的一瞬间，赶紧跳到船板上。他刚刚站稳，就听上面有人在大声叫喊，是米切尔和大胡子在相互喊叫，接着就是一阵激烈的枪战。罗克真想也跟着打一阵子，可惜自己缴获来的冲锋枪被大胡子拿走了。

双方打得还挺热闹，忽然大胡子叫了一声，罗克顺着洞口向上看，只见大胡子用左手捂着右胳臂，摇摇晃晃要顺着圆洞往下掉。罗克心想，不能让大胡子摔死，留着他对找到珍宝有用。想到这儿，罗克把一个长沙发堵在洞口。这时上面又“砰”的一声响了一枪，大胡子又叫了一声，身子一歪就掉了下来。罗克赶紧闪到一旁，只听“扑通”一声，大胡子摔到了沙发上。

罗克跑上前去，从大胡子手中夺过冲锋枪，又从他腰里拔出无声手枪。

罗克高兴地说：“这下子全归我啦！”

罗克端着冲锋枪对着大胡子大喊：“快站起来，不要装死！”大胡子一声也不吭。罗克心想，大胡子死啦？罗克把手伸到大胡子的鼻子前面，想试试他还有没有呼吸。谁想到，罗克刚把手伸过去，大胡子一把揪住了他的手腕子，然后用力一拧，就把罗克的手拧到了背后。大胡子的手非常有劲，痛得罗克“哎哟”直叫。在这千钧一发之际，一个黑影从天而降，这个人落在沙发上又重新弹起，在弹起的一瞬间，此人飞起一脚，将大胡子踢了个四脚朝天。

来人不是别人，正是米切尔。罗克一边甩动着被拧疼的手，一边小声嘀咕说：“嗬！没想到米切尔还真有两下子。”

米切尔笑了笑，也没说话，赶紧把大胡子的腰带解下，把大胡子捆了起来。

白发老人从圆洞中探出头来向下喊：“米切尔，罗克，审问大胡子。问问他珍宝藏在哪儿？再问问他那个矮胖经理跑到哪儿去啦？”

米切尔答应一声，然后对大胡子说：“你们L珠宝公司派来的这批强盗都被我们抓到了，现在只剩下你和你们经理。你若想得到从宽处理，就老老实实交代！”

大胡子如同一条丧家之犬，低着头瘫坐在沙发上。米切尔见大胡子右手臂又受了伤，就找了块布给他包扎了一下。

大胡子说：“珍宝我交给了我们经理了，这位数学家可以作证。我是把珍宝箱连同这位数学家一起交给经理的。他后来把珍宝藏到哪儿，我就不知道了。”

米切尔问：“你们的经理现在在哪儿？这艘海轮上可有什么密室暗舱吗？”

“经理具体藏在哪儿，我还真说不清楚。”大胡子说，“不过，这艘船确实有一间屋子除了经理可以去，别人谁也不许去。这间屋子的具体位置除了经理之外，谁也不知道。”

罗克插话说：“废话，你刚才一定见过你们经理，不然的话，捆你的绳子谁给解开的？你既然见到了经理，经理不会不告诉你他的去向！”

“说得对！”米切尔说，“搜他的身上。”

罗克开始翻大胡子的口袋，结果从他的上衣口袋里搜出一张纸条，纸条上写着：

68 ⇒ ⟳ ⇒ + ⇒ ⟳ ⇒ +……

米切尔问：“这纸条上写的是什么意思？这是谁写的？快老实交代！”

“这……”大胡子一看实在瞒不住了，只好如实交代，“绳子是经理给我解开的，他让我守候在翻板前，等着抓你们 3 个人。临走前，他塞给了我这张纸条。”

米切尔对罗克说：“这种神秘的东西也只有你能破译出来。”

罗克接过纸条说：“试试吧！”他低着头琢磨了一会儿。白发老人在上面等着知道结果。

罗克说："我明白啦。纸条的意思是，把68颠倒一下，变成86，两数相加，把所得的和再首尾颠倒相加。我来具体做一下。"

$$
\begin{array}{r}
68 \\
+\ \ 86 \\
\hline
154 \\
+\ 451 \\
\hline
605 \\
+\ 506 \\
\hline
1111
\end{array}
$$

"到此为止，不能再做了。"罗克指着最后结果说，"数学上，把1111叫作'回数'。"

"回数是什么？"米切尔不大懂。

"要弄懂什么是回数，首先要明白回文。"罗克介绍说，"回文是我们中国特有的一种文学形式。将一个词或一个句子正着念、反着念都是有意义的语言叫回文。比如'狗咬狼'，反着念是'狼咬狗'，两句都有意义。"

米切尔说："还挺有意思的。"

罗克又说："我国诗人王融曾作过一首《春游回文诗》十分有名，我至今还能背下来：风朝拂锦幔，月晓照莲池。把这首诗反过来就是池莲照晓月，幔锦拂朝风。也是一首诗。"

米切尔摇摇头说："不成，我对你们中国的诗词还欣赏不了。"

“那么咱们回过头来再谈数学吧。”罗克说，“如果一个数，从左右两个方向读结果都一样，就把这个数叫作回文式数，简称回数。比如，101、32123、9999都是回数。”

米切尔点点头说：“这么说，1111是个回数了。唉，我有个问题：是不是任意一个数这样颠倒相加，最后都能得到一个回数呢？”

罗克摇摇头说：“这个问题没有定论。有的数学家猜想：不论开始时选用什么数，在经过有限步骤后，一定可以得到一个回数。关于这个猜想至今还没有人肯定它是对的，或者举出反例说它是错的。不过，有一个数值得注意，这个数就是196，有人用电子计算机进行了几十万步上述的运算，仍没得到回数。当然，尽管几十万步没算出回数来，也不能断定永远算不出回数来。”

白发老人在上面等不及了，他趴在洞口向下大声喊道：“你们俩还磨蹭什么呢？还不把藏珍宝的具体地点问出来。”

米切尔回答说：“我们得到一份重要情报，正在研究，您再稍等一会儿。”

米切尔问：“罗克，你说这1111能表示些什么呢？房间号码吧，没这么大；保险柜号码吧，这保险柜在哪儿呢？”

罗克思考了一下，回过头问大胡子：“这艘海轮有几层舱？”

大胡子回答：“一共5层舱。”

罗克分析说：“密层一般设在下层。把1111这个回数的4个1相加1+1+1+1=4，说明密室在4层舱。11112=1234321，说明1111的平方也是一个回数，中间的4已经知道是表示层数，从4向两边念都是321，表明密室在4层321室。”

米切尔一拍大腿说：“分析得有理！走，拿上枪，去4层321

室找珍宝去！”

罗克指着大胡子问米切尔说：“这个大胡子怎么处理？”

米切尔说：“带着他一起走，他对我们还有用处。”

罗克用枪一捅大胡子说：“走，带我们去 4 层 321 号房间，快点！”

大胡子慢腾腾地站起来，嘴里嘟嘟囔囔地说：“其实，这就是 4 层舱，可是我从来就没听说有个 321 号房间。”

“啊？”罗克和米切尔同时瞪大了眼睛。

数学加油站 24

开心科普

数学中有一个著名的“回数猜想”，至今没有解决。回数猜想的内容是你任取一个自然数，把这个数倒过来，并将这两个数相加；然后把这个和数再倒过来，与原来的和数相加。重复这个过程，一定能获得一个回数。

趣题探秘

1.（难度指数★）

下列散落的标有数字的球当中，有一个是与众不同的，你能找出来吗?

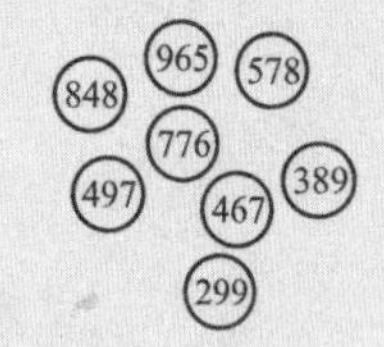

2.（难度指数★★）

观察前三组数字的规律，第四组问号处应该填什么呢?

1532—2641，6385—5476，8276—7185，2643—?

轻松一刻

（难度指数★）

如果有3个人，他们的关系是爷俩、娘俩、兄妹俩，那他们是什么关系呢?

25 321号房间在哪儿

“4层舱没有321号,这不可能! ”罗克坚信自己的推算不会有错误。

米切尔也感到奇怪，他说：“4层舱房间的号数，第一个数字应该是4才合理，怎么会是3呢？”

罗克问大胡子：“3层舱中有没有321号房间？”

大胡子摇摇头说：“3层舱中到320号就到头了，也没有321号房间。”

“怪呀，这321号房间会在哪儿呢？”米切尔紧皱双眉在想。

白发老人从上面下来了，他听到这个怪问题之后，就低头琢磨起来。突然，他一拍脑袋说：“既然3层没有，4层也没有，而这里有3又有4。另外，3层到320号就完，这里却冒出个321号来。我想，这间密室一定在3层和4层之间，也就是在3层半。”

白发老人的一句话提醒了罗克和米切尔。米切尔用力拍了一下自己的后脑勺说：“说得对呀！我怎么想不起来呢？”

三个人立即押着大胡子找到连接3楼和4楼的楼梯，米切尔和罗克顺着楼梯上上下下走了好几趟，也没看见有个门。没有门，这个321号房间会在哪儿呢？

罗克顺着楼梯再一次仔细搜寻，他站在楼梯的中间全神贯注地看着周围墙壁。突然，罗克发现了什么，他指着墙上一个隐约可见的小方框喊道："米切尔，你快看！"

米切尔揉了揉眼睛仔细看了看说："是一个方框，方框中间有一个雪花图案，周围有一圈方格，方格中填有许多数。这是个什么东西啊？"

"一时还说不好。"罗克说，"如果中间不是雪花而全换成数字的话，它非常像幻方。"

1	23	20	14	7
15				18
22				4
8				11
19	12	6	3	25

"幻方？幻方是什么东西？"米切尔一个劲儿地摇头。

罗克见米切尔对幻方一窍不通，就简单地介绍了几句说："最早的幻方产生在我们中国。相传在很久以前，我国的夏禹治水到了洛水，突然从洛水中浮起一只大乌龟。乌龟背上有一个奇怪的图，图上有许多圈和点。这些圈和点表示什么意思呢？一个人好奇地数了一下龟甲上的

1
4
7
15
19
12
6
3

点数，再用数字表示出来，发现这里面有非常有趣的关系。”罗克在纸上画了一个正方形的方格，里面填好数。罗克指着图说：“这个图共有 3×3=9 个小方格，把从 1 到 9 这九个自然数填进去，其特殊之处在于：不管是把横着的三个数相加，还是把竖着的三个数相加，或者把斜着的三个数相加，其和都等于 15。”

4	9	2
3	5	7
8	1	6

米切尔听入了神，一个劲儿地说：“真有趣！”

“这就是幻方，中国也叫九宫图。”罗克指着墙上的图说，“这个图非常像幻方，只是它中间不是数而是个雪花图案。”

1	23	20	14	7
15	□	□	□	18
22	□	□	□	4
8	□	□	□	11
19	12	6	3	25

“我把这个雪花图案揭下来看看。”米切尔一伸手很容易就把雪花图案揭了下来，原来是不干胶纸贴上去的。揭下雪花图案，里面露出 9 个白色的方电钮。

“啊！这里有电钮！”米切尔非常高兴地说，“按一下电钮就能把 321 号房间的门打开。可是……按哪个电钮才对呢？”

罗克低着头一言不发，不知他心里盘算什么。

米切尔有点着急，他催促罗克说：“你琢磨出来没有？应该按哪个电钮啊？”

罗克还是一言不发，低着头琢磨。米切尔见他还没想好，也就不说话了。

想了有好一阵子，罗克的脸上出现了笑容。

罗克说：“恐怕单按其中一个电钮是不成的。要 9 个电钮都按。”

“都按？一个电钮按一下？”米切尔感到很新鲜。

罗克摇摇头说：“不，每个电钮按的次数都不同。这是一个 5 阶幻方，25 个方格要把从 1 到 25 这 25 个自然数填进去。现在它已经填出 16 个数，剩下的 9 处应该填的数不要往里填，而是在相立的电钮上按几下。”米切尔点点头说：“说得有理。不过这个雪花有用吗？”“有用！它告诉我们要填成雪花幻方。”罗克显得十分沉着。他不等米切尔发问，就解释说，“雪花幻方要求呈雪花状的 6 个数，两两相加其和相等。”说着罗克就画了个示意图。

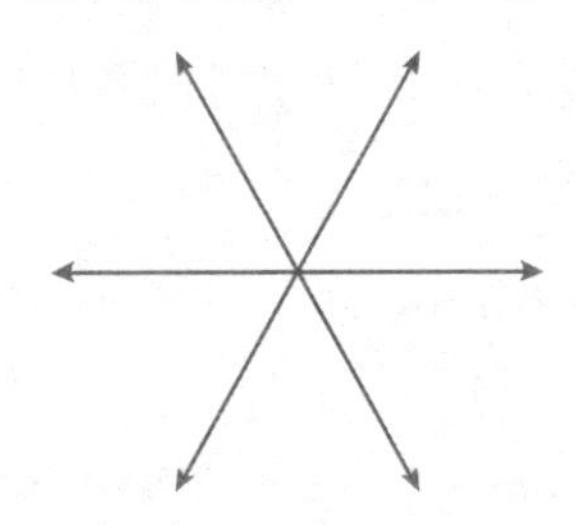

米切尔听后直咋舌，他说："这条件也太苛刻了。不但横着加、竖着加、斜着加其和应该相等，中间部分还要有讲究。"

"想想办法总是可以解决的。"罗克说，"从1到25，已经填进去16个数了，还剩下2、5、9、10、13、16、17、21、24这9个数。关键是从中找出4对其和相等的数。"

米切尔赶紧说："我来给你凑一凑，看看是哪4对。"

罗克摇摇头说："凑数要凑好半天哪！"

米切尔问："你有什么好办法？"

罗克说："如果不是9个数而是8个数，要凑成两两相等的4对，那是很好办的。只要把这8个数加起来，再除以4就得到每一对数的和了。有了和数再去挑选数就方便多了。"

米切尔插话道："可是，现在不是8个数而是9个数。"

"9个数也不要紧，你也把它们相加，然后再用4.5去除，取商的整数部分。我来具体做一下。"罗克说完就算了起来：

$(2+5+9+10+13+16+17+21+24)\div4.5=117\div4.5=26$。

罗克说："刚好等于26，说明雪花中心点一定是13，你把13刨除在外，把其余8个数按其和为26来凑吧！"

米切尔很快就凑了出来：

$2+24=5+21=9+17=10+16=26$。

1	23	20	14	7
15	9	2	21	18
22	16	13	10	4
8	5	24	17	11
19	12	6	3	25

罗克接着说："每个幻方，横着加、竖着加、斜着加都等于同一个常数，数学上把这个常数叫作幻方常数。算幻方常数有现成的公式：$\frac{n}{2}(1+n^2)$。

这里是 5 阶幻方，$n=5$，则$\frac{5}{2}\times(1+5^2)=65$，最后按幻方常数 65 来填写就行了。"

罗克真不愧是数学天才，没过多会儿就把 9 个数填进中间空格中了。

米切尔非常高兴，他说："我来照着这个表来按电钮。"米切尔把左上角的电钮按了 9 下，接着把右边与它相邻的电钮按了两下，依次按下去，当他把右下角的电钮按完 17 下时，墙壁"哗啦"一声向上提起，里面是一间密室，海外部经理正在里面打电话。

这位矮胖经理见门突然打开，吓了一跳，他随手拿起一支冲锋枪向门外猛扫了一梭子，米切尔和罗克大叫一声，从楼梯上跳了下去。

数学加油站 25

开心科普

在一个由若干个排列整齐的数组成的正方形中，图中任意一横行、一纵行及对角线的几个数之和都相等，具有这种性质的图表，称为“幻方”。幻方也称纵横图、魔方、魔阵，它是科学的结晶与吉祥的象征，发源于中国古代的洛书——九宫图。公元前 1 世纪，西汉宣帝时的博士戴德在他的政治礼仪著作《大戴礼·明堂篇》中就有“二、九、四、七、五、三、六、一、八”的洛书九宫数记载。洛书被世界公认为组合数学的鼻祖，它是中华民族对人类的伟大贡献之一。

趣题探秘

（难度指数★★★）

从 1 至 36 之间选择数字，将下面的表格填写完整，使每行、每列以及对角线上的 6 个数之和等于 111。

9		6		33	
	25		15		5
29		19		13	
	22		12		7
1		24		18	
	35		3		28

头脑风暴

（难度指数★★）

李老板收购了两枚古币，后来又以每枚 60 元的价格出售。其中一枚赚了 20%，另一枚赔了 20%。请问：和他当初收购这两枚古币相比，李老板是赚了还是赔了，或者是不赚不赔？

扫一扫看金牌教师视频讲解

26 三角形小盒的奥秘

由于罗克和米切尔事先早有准备，暗门一打开，见到矮胖经理要拿枪，两人大喊一声，同时跳下楼梯。

矮胖经理拿着冲锋枪追了出来，想追杀罗克和米切尔。他刚一露面，只听“砰”的一声枪响，矮胖经理“哎哟”一声，从暗室里摔了下来，白发老人敏捷地跑了过来，把矮胖经理捆了起来。原来矮胖经理从暗室里刚一露头，就被白发老人打了一枪。白发老人枪法极准，这一枪正中矮胖经理的左臂。

白发老人一挥手说：“快进暗室找珍宝！”

罗克和米切尔快步跑进暗室，可是暗室里除了一张写字台和一把转椅，其他什么东西都没有。白发老人把矮胖经理和大胡子押进暗室。

白发老人问矮胖经理：“你把抢来的珍宝藏到哪儿去了？”

矮胖经理把头向上一扬说：“有能耐自己去找，本人无可奉告！”

见矮胖经理这个顽固劲，白发老人知道问他也无用。白发老人说：“在屋里仔细搜查！”

罗克和米切尔把整个屋子上上下下搜了个遍，可是什么也没发现。罗克不甘心，又仔细搜了一遍，终于在转椅下面找出一个等腰三角形状的小盒子，盒子上有许多小孔，孔与孔之间都用加号连接，最上面一个孔中填着 90。

⑨⓪

○+○+○

○+○+○+○

○+○+○+○+○

○+○+○+○+○+○+○+○+○

○+○+○+○+○+○+○+○+○+○+○+○

罗克翻看小盒子背面，背面写着：

注意事项：

1. 每一行的圆孔中要填写连续自然数，使每一行各数之和都等于 90；

2. 填对了将获得幸福，填错了意味着死亡。

罗克问矮胖经理说：“这个小盒子有什么用？”

矮胖经理把大嘴一撇说：“有什么用？用途可大啦！只要把圆孔中的数填对了，要金银有金银，要珠宝有珠宝。要是填错一个数，‘砰’的一声，你的小命就完蛋喽！你敢填吗？”

矮胖经理的一番话，气得米切尔把牙咬得“咯咯”响，扬起拳头就要揍矮胖经理，罗克伸手给拦住了。

罗克笑着说："不用打他，让这位经理站在我的对面，距离一定要近。我往里填数，万一'砰'的一响，我死了，经理也别想活！"

一听罗克这么说，矮胖经理脸色陡变，战战兢兢地不肯走近罗克。米切尔硬把矮胖经理推到了罗克对面。

罗克拿起笔来就要填数，吓得矮胖经理连声大叫："慢，慢。你一定要想好后再填，一旦填错一个数，不光你我完了，整艘船也将沉没。"

白发老人走过来说："既然是这样，你把抢走的珍宝痛快地交还我们，以免船毁人亡。"

"唉！"矮胖经理叹了口气说，"我何尝不想把珍宝交给你们，可是我只会把珍宝藏进暗室的保险柜里，并不会打开取出来。"

白发老人两眼一瞪说："一派胡言！我们这儿有小数学家罗克，你不说也照样能把珍宝找出来。罗克，开始填数！"

罗克答应一声，就开始往小圆孔中填数。先填3个圆孔一排的。他先做了一次除法：90÷3=30，很快就填进3个连续自然数29+30+31；接着填4个圆孔一排的。他也做了一次除法：90÷4=22.5，罗克很快就填进4个连续自然数21+22+23+24。

他如此做下去，很快就把所有的圆孔都填上了数。

90

29 + 30 + 31

21 + 22 + 23 + 24

16 + 17 + 18 + 19 + 20

6 + 7 + 8 + 9 + 10 + 11 + 12 + 13 + 14

2 + 3 + 4 + 5 + 6 + 7 + 8 + 9 + 10 + 11 + 12 + 13

90
29 + 30 + 31
21 + 22 + 23 +
16 + 17 + 18 +
+ 7 + 8 + 9 + 10 + 11 +
3 + 4 + 5 + 6 + 7 + 8 +

罗克刚把所有的数都填完，写字台突然向前移动，接着响起一阵“嘟嘟”声，从下面升起一个平台，平台上有一个箱子。罗克和米切尔把箱子抬下来打开一看，101 件珍宝一件不少全在里面。

“珍宝找到喽！珍宝找到喽！”罗克和米切尔高兴得又蹦又跳。

矮胖经理一屁股坐在了地上，低着头说：“完了，一切都完了！”

这时海轮外面人声鼎沸，是乌西首领带着几十名士兵前来接应来了。

白发老人、罗克、米切尔押着矮胖经理和大胡子，抬着装有珍宝的箱子走下了海轮。乌西首领快步走上前与三个人一一热烈拥抱。

乌西紧紧搂住罗克，眼含热泪动情地说：“谢谢你，罗克！没有你的帮助，我们神圣部族的这批国宝是不可能找到的。即使找到了，也会被这些外国强盗抢走。你是神从天降，帮了我们大忙啦！”

罗克笑了笑说：“我是从天而降，可我不是神。我是飞机遇险者，如果不是落在你们岛上，不经过你们及时抢救，我也早就完了。我应该感谢你们才对！”

大家有说有笑，好不热闹。忽然，罗克显出很焦急的样子。乌西忙问：“罗克，你怎么啦？太累啦，还是有点不舒服？”

罗克摇摇头说：“距数学竞赛只有两天了。原来我可以搭乘这艘轮船去华盛顿，没想到这是一艘贼船，船上的人都被我们抓起来了，这下子我可怎么去参加比赛呢？”

“嘿，这事用不着犯愁。”乌西拍了拍罗克的肩头说，“我们神圣部族有好多人会开这种大轮船，我立即组织一个班子，送你去华盛顿！”

班子很快就组织好了，里面有船长、大副、轮机长……人员齐备，米切尔也随船送行。

天刚蒙蒙亮，一声清脆的长笛划破海岛的宁静，轮船起航了。岸边站满了送行的人，乌西、白发老人向轮船上的罗克频频招手，罗克也挥手道别。

岸上的人目送轮船消失在晨雾中。

开心科普

瑞士数学家雅谷·伯努利，生前对螺线（被誉为生命之线）有研究，他去世之后，在墓碑上就刻着一条对数螺线，同时碑文上还写着："我虽然改变了，但却和原来一样。"这是一句既刻画螺线性质又象征他对数学热爱的双关语。

趣题探秘

1.（难度指数★★）

年迈的拉塞尔先生总是记不住自己密码箱的 6 位数密码，但是他却总能通过一种方式把密码想起来：密码的前两位 ×3，得出的结果数字全是 1；密码的中间两位 ×6，得出的结果数字全是 2；密码的最后两位 ×9，得出的结果数字全是 3。你能推算出拉塞尔先生的密码吗?

2.（难度指数★★）

有一装着大米的罐子，连大米和罐子一共重 3.5 千克，后来吃掉了一半的大米后，连罐子还有 2 千克，那么罐子有多少重?

轻松一刻

（难度指数★★）

老王对老李说："我们每人拿出 200 元放桌子上，然后你给我 300，然后你把桌上的 400 都拿走，这样咱俩就每人都赚了 100 块！"

小朋友你反应过来了吗?

罗克乘船顺利地到达了华盛顿，当他出现在中国中学生奥林匹克代表团驻地时，黄教授和先期到达的同学都高兴极啦！同学们高呼："我们的比杆多耳终于来啦！"

比赛第二天开始，罗克精神饱满地投入了比赛。经过激烈的角逐，中国队获得团体总分第一，罗克和另外两名中国高中生荣获个人第一。

啊，罗克，未来的大数学家！

章节	知识点	年级
神秘的部族	一笔画	3-4年级
继承人引起的风波	数字谜语	3年级
珍宝藏在哪儿	图形问题	5-6年级
绑架	椭圆形的焦点	9年级
步长之谜	一元二次方程	7-8年级
首领出的难题	排方阵	5年级
谜中之谜	幂运算	7年级
派遣特务	二进制	5年级
山洞里的战斗	迷宫	3-4年级
智擒小个子	古堡朝圣问题	9年级
黑铁塔交出一张纸条	三元一次方程、分解质因数	9年级
对暗号	横纵和相等	4年级
一手交钱，一手交货	逻辑推理	4-5年级
海外部经理罗伯特	三角形重心	8年级
将计就计	一元二次方程、二进制	7年级
跟踪追击	幂运算	7年级
轮船上的战斗	恒等式	8年级

章节	知识点	年级
经理究竟在哪儿	逻辑推理	4-5年级
寻找最佳射击点	圆的切割线定理	9年级
打开保险柜	幂运算	7年级
数学白痴大胡子	分数运算	4年级
船舱大战	回数	7年级
321号房间在哪儿	幻方常数	7年级
三角形小盒的奥秘	自然数和相等	5年级

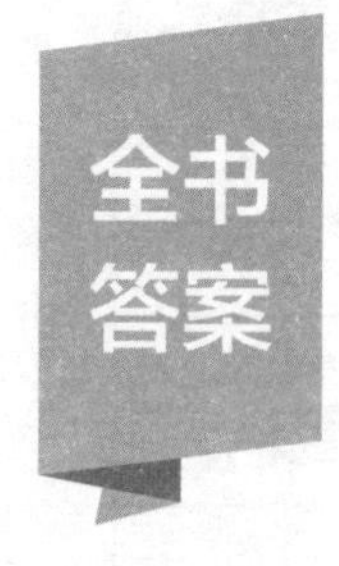

图书在版编目（C I P）数据

罗克荒岛历险记：全彩解析版 / 李毓佩著. -- 武汉：长江文艺出版社，2018.7
（奇妙的数学故事）
ISBN 978-7-5702-0190-7

Ⅰ. ①罗… Ⅱ. ①李… Ⅲ. ①数学一少儿读物 Ⅳ. ①01-49

中国版本图书馆 CIP 数据核字(2018)第 032738 号

责　　编：叶　露　杨　岚　　　　责任校对：陈　琪
整体设计：一壹图书　　　　　　　责任印制：邱　莉　胡丽平

出版：长江出版传媒 | 长江文艺出版社
地址：武汉市雄楚大街 268 号　　　邮编：430070
发行：长江文艺出版社
电话：027—87679360
http://www.cjlap.com
印刷：湖北新华印务有限公司

开本：640 毫米×970 毫米　1/16　印张：13
版次：2018 年 7 月第 1 版　　2018 年 7 月第 1 次印刷
字数：120 千字

定价：28.00 元